信息科学技术学术著作丛书

# Hadoop/Spark 大数据机器学习

翟俊海 张素芳 著

科学出版社

北京

# 内 容 简 介

人类已进入大数据时代. 大数据是指具有海量(volume)、多模态(variety)、变化速度快(velocity)、蕴含价值高(value)和不精确性高(veracity)"5V"特征的数据. 大数据给传统的机器学习带来巨大的挑战, 已引起学术界和工业界的高度关注. Hadoop 和 Spark 正是在这种背景下产生的两个大数据开源平台. 本书重点介绍基于这两种大数据开源平台的机器学习, 包括机器学习概述、大数据与大数据处理系统、Hadoop 分布式文件系统 HDFS、Hadoop 并行编程框架 MapReduce、Hadoop 大数据机器学习和 Spark 大数据机器学习.

本书可作为计算机科学与技术、软件工程、数据科学与大数据技术等专业研究生和高年级本科生的大数据处理或大数据机器学习课程的教材, 也可供从事相关研究工作的科研人员参考.

**图书在版编目 (CIP) 数据**

Hadoop/Spark 大数据机器学习/翟俊海, 张素芳著. —北京: 科学出版社, 2021.1

(信息科学技术学术著作丛书)

ISBN 978-7-03-066687-1

Ⅰ. ①H⋯ Ⅱ. ①翟⋯ ②张⋯ Ⅲ. ①数据处理软件 Ⅳ. ①TP274

中国版本图书馆 CIP 数据核字 (2020) 第 217003 号

责任编辑: 魏英杰 / 责任校对: 王 瑞
责任印制: 吴兆东 / 封面设计: 陈 敬

**科学出版社** 出版

北京东黄城根北街 16 号
邮政编码: 100717
http://www.sciencep.com

固安县铭成印刷有限公司 印刷
科学出版社发行 各地新华书店经销

\*

2021 年 1 月第 一 版 开本: 720×1000 B5
2021 年 11 月第二次印刷 印张: 15 3/4
字数: 315 000

定价: 128.00 元
(如有印装质量问题, 我社负责调换)

# 《信息科学技术学术著作丛书》序

　　21 世纪是信息科学技术发生深刻变革的时代，一场以网络科学、高性能计算和仿真、智能科学、计算思维为特征的信息科学革命正在兴起．信息科学技术正在逐步融入各个应用领域并与生物、纳米、认知等交织在一起，悄然改变着我们的生活方式．信息科学技术已经成为人类社会进步过程中发展最快、交叉渗透性最强、应用面最广的关键技术．

　　如何进一步推动我国信息科学技术的研究与发展；如何将信息技术发展的新理论、新方法与研究成果转化为社会发展的新动力；如何抓住信息技术深刻发展变革的机遇，提升我国自主创新和可持续发展的能力？这些问题的解答都离不开我国科技工作者和工程技术人员的求索和艰辛付出．为这些科技工作者和工程技术人员提供一个良好的出版环境和平台，将这些科技成就迅速转化为智力成果，将对我国信息科学技术的发展起到重要的推动作用．

　　《信息科学技术学术著作丛书》是科学出版社在广泛征求专家意见的基础上，经过长期考察、反复论证之后组织出版的．这套丛书旨在传播网络科学和未来网络技术，微电子、光电子和量子信息技术、超级计算机、软件和信息存储技术，数据知识化和基于知识处理的未来信息服务业，低成本信息化和用信息技术提升传统产业，智能与认知科学、生物信息学、社会信息学等前沿交叉科学，信息科学基础理论，信息安全等几个未来信息科学技术重点发展领域的优秀科研成果．丛书力争起点高、内容新、导向性强，具有一定的原创性；体现出科学出版社"高层次、高质量、高水平"的特色和"严肃、严密、严格"的优良作风．

　　希望这套丛书的出版，能为我国信息科学技术的发展、创新和突破带来一些启迪和帮助．同时，欢迎广大读者提出好的建议，以促进和完善丛书的出版工作．

中国工程院院士

原中国科学院计算技术研究所所长

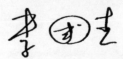

# 前　言

[上部倒置淡印文字，部分可辨] 目、冀中科技计划项目、河北省自然科学基金项目，国家自然科学基金项目 (No.61976116)、河北省自然科学基金项目 (No.F2017201026、No.F2016201244)、河北大学研究生教育教学改革研究项目 (No.JXZ2016009)、河北大学创新团队支持计划等资助，在此表示衷心感谢。

大数据给传统的机器学习带来巨大的挑战. 这些挑战包括大数据量、多模态、动态变化等. 大数据和人工智能是目前最火热的两个研究领域, 而机器学习是实现人工智能的重要手段和途径. 研究如何将传统的机器学习算法扩展到大数据环境或设计新的面向大数据环境的机器学习算法具有重要的理论及应用价值.

虽然目前已有不少介绍大数据及其处理方面的著作, 包括介绍开源大数据处理平台 Hadoop 和 Spark 及其使用的著作, 也有不少介绍机器学习方面的著作, 包括介绍 Hadoop 的机器学习开源库 Mahout 和 Spark 的机器学习开源库 MLlib 的著作, 但是这些著作都存在这样和那样的不足. 例如, 系统性不够, 注重代码不注重算法及理论基础。目前, 还没有系统介绍 Hadoop/Spark 大数据机器学习方面的著作, 本书正是针对这一问题, 结合作者团队在大数据处理研究生课程的教学心得、积累的经验及研究成果而撰写的. 该书在组织大数据机器学习的内容时, 采用 Hadoop 和 Spark 两种开源平台的代码实现配对比较的方式. 这也是该书的特点, 这样做至少有三个好处: (1) 可使读者加深对内容的理解; (2) 可使读者快速掌握两种开源平台的使用; (3) 可使读者快速掌握两种平台的特点及各自的优点和不足.

本书第 1 章概要介绍机器学习方面的基础知识, 内容包括分类与聚类、K-近邻算法与模糊 K-近邻算法、K-均值算法与模糊 K-均值算法、决策树算法、神经网络、极限学习机、支持向量机和主动学习. 第 2 章介绍大数据与大数据处理系统, 内容包括大数据及其特征、Linux 操作系统简介、大数据处理系统 Hadoop 和大数据处理系统 Spark. 第 3 章介绍 Hadoop 分布式文件系统 HDFS, 内容包括 HDFS 概述、HDFS 的系统结构、HDFS 的数据存储、访问 HDFS 和 HDFS 读写数据的过程. 第 4 章介绍 Hadoop 并行编程框架 MapReduce, 内容包括 MapReduce 概述、MapReduce 的大数据处理过程、流量统计的例子、MapReduce 的系统结构、MapReduce 的作业处理过程和 MapReduce 算法设计. 第 5 章介绍 Hadoop 大数据机器学习, 内容包括基于 Hadoop 的大数据 K-近邻算法、基于 Hadoop 的大数据极限学习机和基于 Hadoop 的大数据主动学习. 第 6 章介绍 Saprk 大数据机器学习, 内容包括 Spark MLlib、基于 Spark 的大数据 K-近邻算法和基于 Spark 的大数据主动学习.

书中大数据机器学习算法实现的代码由齐家兴、田石、王谟瀚、宋丹丹和沈蠹编写并调试, 感谢他们对本书做出的贡献. 申瑞彩、侯璎真、黄雅婕、周翔、高光远、许垒和张明参与了本书的校对工作, 对他们也表示感谢. 本书得到河北省科技计划项

目 "基于深度学习的两类非平衡大数据分类理论、方法及应用研究" (19210310D)、河北省自然科学项目 " 非平衡多模态大数据分类算法研究" (F2017201026)、河北省研究生专业学位教学案例库建设项目 "Hadoop 大数据处理教学案例库建设 (KCJSZ2018009)"、河北大学计算机应用技术省级重点学科, 以及河北省机器学习与计算智能重点实验室的资助, 在此也表示感谢. 最后, 感谢科学出版社魏英杰老师的帮助.

　　限于作者水平, 书中不妥之处在所难免, 敬请各位读者批评指正.

作　者<br>2020 年 3 月

# 目　　录

# 第 1 章　机器学习概述

机器学习是一门多领域交叉学科, 是实现人工智能的主要手段, 主要研究如何使机器具有学习能力, 涉及计算机科学与技术、数学、统计学等多个学科. 目前, 机器学习还没有标准的定义, 比较有影响的定义包括以下三个.

Langley 给出的定义 [1]: 机器学习是一门人工智能的科学, 它的主要研究对象是人工智能, 主要研究如何使算法通过经验改进其性能.

Mitchell 给出的定义 [2]: 机器学习是研究如何通过经验自动改进计算机算法的科学.

Alpaydin 给出的定义 [3]: 机器学习是用数据或以往的经验, 优化计算机程序的科学.

机器学习可以粗略地分为有监督学习和无监督学习. 本书侧重有监督学习, 并简单介绍无监督学习聚类.

## 1.1　分类与聚类

### 1.1.1　分类

为了易于理解, 便于描述, 假设用于机器学习的数据组织成表结构. 如果数据表中包含样例的类别信息, 则称这种数据表为决策表, 否则称为信息表. 下面先给出决策表的两种形式化定义, 然后给出分类问题的定义.

**定义 1.1.1**　一个决策表是一个二元组 DT $= \{(x_i, y_i) | x_i \in U, y_i \in C, 1 \leqslant i \leqslant n\}$. 其中, $x_i$ 表示决策表中的第 $i$ 个样例; $y_i$ 表示样例 $x_i$ 所对应的类别; $C$ 是样例所属类别的集合; $U$ 是决策表中 $n$ 个样例的集合.

**定义 1.1.2**　一个决策表是一个四元组 DT $= (U, A \cup C, V, f)$. 其中, $U = \{x_1, x_2, \cdots, x_n\}$ 是 $n$ 个样例集合; $A = \{a_1, a_2, \cdots, a_d\}$ 是 $d$ 个条件属性 ( 或特征 ) 集合; $C$ 是决策属性 ( 或类别属性 ); $V = V_1 \times V_2 \times \cdots \times V_d$ 是 $d$ 个属性值域的笛卡儿积, $V_i$ 是属性 $a_i$ 的值域, $i = 1, 2, \cdots, d$; $f$ 是信息函数: $U \times A \to V$.

决策表的这两种形式化定义实际上是等价的. 在本书中, 我们会交替使用这两种定义. 包含 $n$ 个样例的决策表如表 1.1 所示. 下面给出分类问题的定义.

**定义 1.1.3**　给定决策表 DT $= \{(x_i, y_i) | x_i \in U, y_i \in C, 1 \leqslant i \leqslant n\}$, 如果存在一个映射 $f: U \to C$, 使得对于任意的 $x_i \in U$, 都有 $y_i = f(x_i)$ 成立. 用给定的

决策表 DT 寻找函数 $y = f(\boldsymbol{x})$ 的问题, 称为分类问题, 函数 $y = f(\boldsymbol{x})$ 也称为分类函数.

表 1.1　包含 $n$ 个样例的决策表

| $\boldsymbol{x}$ | $a_1$ | $a_2$ | $\cdots$ | $a_d$ | $y$ |
|---|---|---|---|---|---|
| $\boldsymbol{x}_1$ | $x_{11}$ | $x_{12}$ | $\cdots$ | $x_{1d}$ | $y_1$ |
| $\boldsymbol{x}_2$ | $x_{21}$ | $x_{22}$ | $\cdots$ | $x_{2d}$ | $y_2$ |
| $\vdots$ | $\vdots$ | $\vdots$ | | $\vdots$ | $\vdots$ |
| $\boldsymbol{x}_n$ | $x_{n1}$ | $x_{n2}$ | $\cdots$ | $x_{nd}$ | $y_n$ |

**说明:**

① 在分类问题中, 因变量 $y$ 的取值范围是一个由有限个离散值构成的集合 $C$. 它相当于高级程序设计语言 (如 C++ 语言) 中的枚举类型. 若 $C$ 变为实数集 $\mathbf{R}$ 或 $\mathbf{R}$ 中的一个区间 $[a,b]$, 则这类问题称为回归问题. 显然, 分类问题是回归问题的特殊情况.

② 函数 $y = f(\boldsymbol{x})$ 不一定有解析表达式, 可以用其他的形式, 如树、图或网络来表示.

③ 如果所有的 $V_i$ 都是实数集 $\mathbf{R}$, 此时 $V = \mathbf{R}^d$.

④ 在机器学习中, 因为求解分类问题或回归问题时, 要用到样例的类别信息, 所以学习分类函数或回归函数的过程是有监督学习.

下面举几个分类问题的例子.

**例 1.1.1 天气分类问题** [2]　天气分类问题是一个两类分类问题, 用来预测什么样的天气条件适宜打网球. 天气数据集是机器学习领域中的一个经典数据集, 是一个包含 14 个样例的决策表, 如表 1.2 所示.

天气分类问题数据集有 14 个样例, 即 $U = \{\boldsymbol{x}_1, \boldsymbol{x}_2, \cdots, \boldsymbol{x}_{14}\}$; 4 个条件属性, 即 $A = \{a_1, a_2, a_3, a_4\}$, 其中 $a_1 = $ Outlook, $a_2 = $ Temperature, $a_3 = $ Humidity, $a_4 = $ Wind, 它们都是离散值属性, 相当于高级程序设计语言中的枚举类型属性. $V = \prod_{i=1}^{4} V_i$, $V_1 = \{$Sunny, Cloudy, Rain$\}$, $V_2 = \{$Hot, Mild, Cool$\}$, $V_3 = \{$High, Normal$\}$, $V_4 = \{$Strong, Weak$\}$. 决策属性 $C = \{y\}$, $y = $ PlayTennis, 它只取 Yes 和 No 两个值, 所以天气分类问题是一个两类分类问题. 显然, 从该数据集中找到的分类函数 $y = f(\boldsymbol{x})$ 不可能有解析表达式. 在 1.4 节, 我们将会看到 $y = f(\boldsymbol{x})$ 可用一棵树表示.

**例 1.1.2 鸢尾花分类问题** [4]　鸢尾花分类问题是一个三类分类问题, 它根据花萼长 (Sepal length)、花萼宽 (Sepal width)、花瓣长 (Petal length) 和花瓣宽 (Petal width) 四个条件属性对鸢尾花进行分类. 鸢尾花分类问题数据集 Iris 包含三类 150 个样例, 每类 50 个样例, 如表 1.3 所示.

**表 1.2 天气分类问题数据集**

| $x$ | Outlook | Temperature | Humidity | Wind | $y$(PlayTennis) |
|---|---|---|---|---|---|
| $x_1$ | Sunny | Hot | High | Weak | No |
| $x_2$ | Sunny | Hot | High | Strong | No |
| $x_3$ | Cloudy | Hot | High | Weak | Yes |
| $x_4$ | Rain | Mild | High | Weak | Yes |
| $x_5$ | Rain | Cool | Normal | Weak | Yes |
| $x_6$ | Rain | Cool | Normal | Strong | No |
| $x_7$ | Cloudy | Cool | Normal | Strong | Yes |
| $x_8$ | Sunny | Mild | High | Weak | No |
| $x_9$ | Sunny | Cool | Normal | Weak | Yes |
| $x_{10}$ | Rain | Mild | Normal | Weak | Yes |
| $x_{11}$ | Sunny | Mild | Normal | Strong | Yes |
| $x_{12}$ | Cloudy | Mild | High | Strong | Yes |
| $x_{13}$ | Cloudy | Hot | Normal | Weak | Yes |
| $x_{14}$ | Rain | Mild | High | Strong | No |

**表 1.3 鸢尾花分类问题数据集**

| $x$ | $a_1$ | $a_2$ | $a_3$ | $a_4$ | $y$ |
|---|---|---|---|---|---|
| $x_1$ | 5.1 | 3.5 | 1.4 | 0.2 | Iris-setosa |
| $x_2$ | 4.9 | 3.0 | 1.4 | 0.2 | Iris-setosa |
| $\vdots$ | $\vdots$ | $\vdots$ | $\vdots$ | $\vdots$ | $\vdots$ |
| $x_{50}$ | 5.0 | 3.3 | 1.4 | 0.2 | Iris-setosa |
| $x_{51}$ | 7.0 | 3.2 | 4.7 | 1.4 | Iris-versicolor |
| $x_{52}$ | 6.4 | 3.2 | 4.5 | 1.5 | Iris-versicolor |
| $\vdots$ | $\vdots$ | $\vdots$ | $\vdots$ | $\vdots$ | $\vdots$ |
| $x_{100}$ | 5.7 | 2.8 | 4.1 | 1.3 | Iris-versicolor |
| $x_{101}$ | 6.3 | 3.3 | 6.0 | 2.5 | Iris-virginica |
| $x_{102}$ | 5.8 | 2.7 | 5.1 | 1.9 | Iris-virginica |
| $\vdots$ | $\vdots$ | $\vdots$ | $\vdots$ | $\vdots$ | $\vdots$ |
| $x_{150}$ | 5.9 | 3.0 | 5.1 | 1.8 | Iris-virginica |

Iris 数据集有 150 个样例, 即 $U = \{x_1, x_2, \cdots, x_{150}\}$; 4 个条件属性, 即 $A = \{a_1, a_2, a_3, a_4\}$, 其中 $a_1$=Sepal length, $a_2$=Sepal width, $a_3$=Petal length, $a_4$=Petal width, 它们都是连续值属性. $V = \prod_{i=1}^{4} V_i$, $V_1 = V_2 = V_3 = V_4 = R$, 即 $V = \mathbf{R}^4$. 决策属性 $C = \{y\}$, $y \in \{\text{Iris-setosa, Iris-versicolor, Iris-virginica}\}$. Iris 数据集中 4 个条件属性都是连续值属性, 所以该数据集是一个连续值数据集.

**例 1.1.3** 助教评估分类问题 [4] 助教评估分类问题也是一个三类分类问题, 它根据母语是否是英语 (A native English speaker)、课程讲师 (Course instructor)、课

程 (Course)、是否正常学期 (A regular semester) 和班级规模 (Class size) 5 个条件属性对助教评估 (teaching assistant evaluation, TAE). TAE 数据集包含三类 151 个样例, 第一类 (Low)49 个样例, 第二类 (Medium)50 个样例, 第三类 (High)52 个样例, 如表 1.4 所示.

表 1.4　助教评估分类问题数据集

| $x$ | $a_1$ | $a_2$ | $a_3$ | $a_4$ | $a_5$ | $y$ |
|---|---|---|---|---|---|---|
| $x_1$ | 2 | 21 | 2 | 2 | 42 | Low |
| $x_2$ | 2 | 22 | 3 | 2 | 28 | Low |
| $\vdots$ | $\vdots$ | $\vdots$ | $\vdots$ | $\vdots$ | $\vdots$ | $\vdots$ |
| $x_{49}$ | 2 | 2 | 10 | 2 | 27 | Low |
| $x_{50}$ | 2 | 6 | 17 | 2 | 42 | Medium |
| $x_{51}$ | 2 | 6 | 17 | 2 | 43 | Medium |
| $\vdots$ | $\vdots$ | $\vdots$ | $\vdots$ | $\vdots$ | $\vdots$ | $\vdots$ |
| $x_{99}$ | 2 | 22 | 1 | 2 | 42 | Medium |
| $x_{100}$ | 1 | 23 | 3 | 1 | 19 | High |
| $x_{101}$ | 2 | 15 | 3 | 1 | 17 | High |
| $\vdots$ | $\vdots$ | $\vdots$ | $\vdots$ | $\vdots$ | $\vdots$ | $\vdots$ |
| $x_{151}$ | 2 | 20 | 2 | 2 | 45 | High |

对于 TAE 数据集, $U = \{x_1, x_2, \cdots, x_{151}\}$, $A = \{a_1, a_2, \cdots, a_5\}$, 其中, $a_1$=A native English speaker, $a_2$=Course instructor, $a_3$=Course, $a_4$=A regular semester, $a_5$=Class size. 其中, $a_1$ 表示母语是否是英语, 是一个二值属性; $a_2$ 表示课程讲师, 共 25 位课程讲师, 每位课程讲师用一个符号值表示, 共 25 个值; $a_3$ 表示助教课程, 共 26 门课程, 每门课程用一个符号值表示, 共 26 个值; $a_4$ 表示是否正常学期, 是一个二值属性; $a_5$ 表示班级规模, 是一个数值属性. 显然, TAE 数据集是一个混合类型数据集.

### 1.1.2　聚类

聚类问题处理的对象是没有类别信息的数据表, 即信息表. 聚类问题就是将信息表中的样例划分为若干个簇 (聚类), 使同一个簇内的样例比不同簇内的样例更相似 [5,6]. 实际上, 聚类问题是一种特殊的分类问题, 只是在求解聚类问题的过程中没有样例的类别信息可以利用. 因为在聚类过程中没有用到样例的类别信息, 所以聚类分析是一种无监督学习. 聚类算法可分为 [7] 基于划分的算法、层次算法、基于密度的算法、基于网格的算法和基于模型的算法. 在求解聚类问题时, 针对给定的数据集, 选择合适的相似性度量是至关重要的. 相似性度量可大致分为基于距离的度量和基于相关性的度量 [8]. 设 $x_i, y_j \in \mathbf{R}^d$, 下面分别介绍几种常用度量 $x_i$ 和

$\boldsymbol{y}_j$ 相似性的定义, 其他相似性度量的定义可参考文献 [8].

1. 基于距离的相似性度量

(1) 欧氏距离

在基于距离的相似性度量中, 欧氏距离是最常用的. 样例 $\boldsymbol{x}_i$ 和 $\boldsymbol{y}_j$ 之间的欧氏距离定义为

$$d(\boldsymbol{x}_i, \boldsymbol{y}_j) = \left[ \sum_{k=1}^{d} (x_{ik} - y_{jk})^2 \right]^{\frac{1}{2}} \tag{1.1}$$

其中, $x_{ik}$ 和 $y_{jk}$ 分别是 $\boldsymbol{x}_i$ 和 $\boldsymbol{y}_j$ 的第 $k$ 个分量.

(2) Manhattan 距离

样例 $\boldsymbol{x}_i$ 和 $\boldsymbol{y}_j$ 之间的 Manhattan 距离定义为

$$d(\boldsymbol{x}_i, \boldsymbol{y}_j) = \sum_{k=1}^{d} |x_{ik} - y_{jk}| \tag{1.2}$$

(3) Minkowski 距离

样例 $\boldsymbol{x}_i$ 和 $\boldsymbol{y}_j$ 之间的 Minkowski 距离定义为

$$d(\boldsymbol{x}_i, \boldsymbol{y}_j) = \left[ \sum_{k=1}^{d} (x_{ik} - y_{jk})^p \right]^{\frac{1}{p}} \tag{1.3}$$

(4) Chebyshev 距离

样例 $\boldsymbol{x}_i$ 和 $\boldsymbol{y}_j$ 之间的 Chebyshev 距离定义为

$$d(\boldsymbol{x}_i, \boldsymbol{y}_j) = \max_{k} |x_{ik} - y_{jk}| \tag{1.4}$$

(5) Camberra 距离

样例 $\boldsymbol{x}_i$ 和 $\boldsymbol{y}_j$ 之间的 Camberra 距离定义为

$$d(\boldsymbol{x}_i, \boldsymbol{y}_j) = \dfrac{\displaystyle\sum_{k=1}^{d} |x_{ik} - y_{jk}|}{\displaystyle\sum_{k=1}^{d} |x_{ik} + y_{jk}|} \tag{1.5}$$

(6) Sorensen 距离

样例 $\boldsymbol{x}_i$ 和 $\boldsymbol{y}_j$ 之间的 Sorensen 距离定义为

$$d(\boldsymbol{x}_i, \boldsymbol{y}_j) = \frac{\sum\limits_{k=1}^{d} |x_{ik} - y_{jk}|}{\sum\limits_{k=1}^{d} (x_{ik} + y_{jk})} \tag{1.6}$$

(7) Søergel 距离

样例 $\boldsymbol{x}_i$ 和 $\boldsymbol{y}_j$ 之间的 Søergel 距离定义为

$$d(\boldsymbol{x}_i, \boldsymbol{y}_j) = \frac{\sum\limits_{k=1}^{d} |x_{ik} - y_{jk}|}{\sum\limits_{k=1}^{d} \max\{x_{ik}, y_{jk}\}} \tag{1.7}$$

(8) Kulczynski 距离

样例 $\boldsymbol{x}_i$ 和 $\boldsymbol{y}_j$ 之间的 Kulczynski 距离定义为

$$d(\boldsymbol{x}_i, \boldsymbol{y}_j) = \frac{\sum\limits_{k=1}^{d} |x_{ik} - y_{jk}|}{\sum\limits_{k=1}^{d} \min\{x_{ik}, y_{jk}\}} \tag{1.8}$$

2. 基于相关性的相似性度量

(1) Pearson 相关系数

样例 $\boldsymbol{x}_i$ 和 $\boldsymbol{y}_j$ 之间的 Pearson 相关系数定义为

$$d(\boldsymbol{x}_i, \boldsymbol{y}_j) = \frac{\sum\limits_{k=1}^{d} (x_{ik} - \overline{x}_{ik})(y_{jk} - \overline{y}_{jk})}{\left[\sum\limits_{k=1}^{d} (x_{ik} - \overline{x}_{ik})^2 \sum\limits_{k=1}^{d} (y_{jk} - \overline{y}_{jk})^2\right]^{\frac{1}{2}}} \tag{1.9}$$

其中, $\overline{x}_{ik}$ 和 $\overline{y}_{jk}$ 分别是 $\boldsymbol{x}_i$ 和 $\boldsymbol{y}_j$ 的均值向量的第 $k$ 个分量.

(2) Cosine 相关系数

样例 $\boldsymbol{x}_i$ 和 $\boldsymbol{y}_j$ 之间的 Cosine 相关系数定义为

$$d(\boldsymbol{x}_i, \boldsymbol{y}_j) = \frac{\sum\limits_{k=1}^{d} (x_{ik} \times y_{jk})}{\left[\sum\limits_{k=1}^{d} (x_{ik})^2\right]^{\frac{1}{2}} \left[\sum\limits_{k=1}^{d} (y_{jk})^2\right]^{\frac{1}{2}}} \tag{1.10}$$

(3) Jaccard 相关系数

样例 $\boldsymbol{x}_i$ 和 $\boldsymbol{y}_j$ 之间的 Jaccard 相关系数定义为

$$d(\boldsymbol{x}_i, \boldsymbol{y}_j) = \frac{\displaystyle\sum_{k=1}^{d}(x_{ik} \times y_{jk})}{\displaystyle\sum_{k=1}^{d}(x_{ik})^2 + \sum_{k=1}^{d}(y_{jk})^2 - \sum_{k=1}^{d}(x_{ik} \times y_{jk})} \tag{1.11}$$

## 1.2　K-近邻算法与模糊 K-近邻算法

### 1.2.1　K-近邻算法

K-近邻 (K-nearest neighbors, K-NN) 算法 [9] 是一种著名的分类算法. K-近邻算法的思想非常简单, 对于给定的待分类样例 (也称为测试样例) $\boldsymbol{x}$, 首先在训练集中寻找距离 $\boldsymbol{x}$ 最近的 $K$ 个样例, 即 $\boldsymbol{x}$ 的 $K$ 个最近邻. 然后, 统计这 $K$ 个样例的类别, 类别数最多的即 $\boldsymbol{x}$ 的类别. 图 1.1 是 K-近邻算法思想示意图.

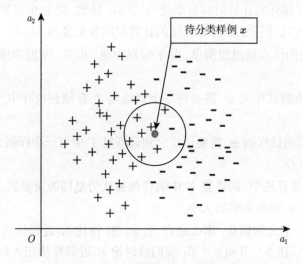

图 1.1　K-近邻算法思想示意图

在图 1.1 中, $K = 9$, 训练集由二维空间的点 (样例) 构成, 每个点用两个属性 (特征) $a_1$ 和 $a_2$ 描述. 这些样例分成两类, 正类样例用符号 "+" 表示, 负类样例用符号 "–" 表示. 实心的小圆是待分类样例 $\boldsymbol{x}$, 大圆内的其他点是 $\boldsymbol{x}$ 的 9 个最近邻. 从图 1.1 可以看出, 在 $\boldsymbol{x}$ 的 9 个最近邻中, 有 7 个属于正类, 2 个属于负类, 所以 $\boldsymbol{x}$ 被分类为正类. K-近邻算法在算法 1.1 中给出.

---

**算法 1.1:** K-NN算法

**1 输入:** 测试样例$\boldsymbol{x}$, 训练集$T = \{(\boldsymbol{x}_i, y_i) | \boldsymbol{x}_i \in \mathbf{R}^d, y_i \in C, 1 \leqslant i \leqslant n\}$, 参
　数$K$.

**2 输出:** $\boldsymbol{x}$的类标$y \in C$.

**3 for** $(i = 1; i \leqslant n; i = i + 1)$ **do**

**4** 　　│　计算$\boldsymbol{x}$到$\boldsymbol{x}_i$之间的距离$d(\boldsymbol{x}, \boldsymbol{x}_i)$;

**5 end**

**6** 在训练集$T$中选择$\boldsymbol{x}$的$K$个最近邻, 构成子集$N$;

**7** 计算$y = \underset{l \in C}{\operatorname{argmax}} \sum\limits_{\boldsymbol{x} \in N} I(l = \operatorname{class}(\boldsymbol{x}))$;

**8** $// I(\cdot)$是特征函数.

**9 return** $y$.

---

下面分析 K-近邻算法的计算时间复杂度. 从算法 1.1 可以看出, K-近邻算法的计算代价主要体现在计算 $\boldsymbol{x}$ 与训练集 $T$ 中每个样例之间的距离上, 即算法 1.1 中的第 3～5 步. for 循环的计算时间复杂度为 $O(n)$. 显然, 第 6 步和第 7 步的计算时间复杂度均为 $O(1)$. 因此, K-近邻算法的计算时间复杂度为 $O(n)$.

K-近邻算法的优点是思想简单, 易于编程实现. 但是, K-近邻算法也有如下缺点 [10].

① 为了分类测试样例 $\boldsymbol{x}$, 需要将整个训练集 $T$ 存储到内存中, 空间复杂度为 $O(n)$.

② 为了分类测试样例 $\boldsymbol{x}$, 需要计算它到训练集 $T$ 中每一个样例之间的距离, 计算时间复杂度为 $O(n)$.

③ 在 K-近邻算法中, 训练集 $T$ 中的样例被认为是同等重要的, 没有考虑它们对分类测试样例 $\boldsymbol{x}$ 做出贡献的大小.

如果 $T$ 是一个大数据集, 那么缺点 ① 和 ② 将使 K-近邻算法面临巨大挑战, 甚至变得不可行. 在 5.1 节和 6.2 节, 我们将讨论 K-近邻算法在大数据环境中的可扩展性, 并分别介绍基于大数据开源框架 Hadoop 和基于 Spark 的 K-近邻算法. 为了克服缺点 ③, Keller 等提出模糊 K-近邻算法 [11]. 下面介绍这一算法.

### 1.2.2　模糊 K-近邻算法

用 K-近邻算法分类测试样例 $\boldsymbol{x}$ 时, 训练集 $T$ 中的样例被认为是同等重要的. 当不同类别之间的样例有重叠时, 应用 K-近邻算法分类会遇到困难. 此外, 当用 $\boldsymbol{x}$ 的 K 个近邻对其进行分类时, 没能体现 $\boldsymbol{x}$ 的类别隶属度.

设训练集 $T$ 中的样例属于 $|C|$ 类, 应用模糊 K-近邻算法时, 对于 $\boldsymbol{x}_i \in T$, 需要计算它属于每一类的隶属度 $\mu_{ij}(i = 1, 2, \cdots, n; j = 1, 2, \cdots, |C|)$, 可用算法 1.2 计算 $\mu_{ij} = \mu_j(\boldsymbol{x}_i)$.

---

**算法 1.2:** 确定训练集中样例类别隶属度的算法

---

**1 输入:** 训练集 $T = \{(\boldsymbol{x}_i, y_i) | \boldsymbol{x}_i \in \mathbf{R}^d, y_i \in C, 1 \leqslant i \leqslant n\}$.

**2 输出:** $\mu_{ij} = \mu_j(\boldsymbol{x}_i)$.

**3 for** $(j = 1; j \leqslant |C|; j = j + 1)$ **do**

**4** $\quad$ 计算每一类的中心 $\boldsymbol{c}_j$;

**5 end**

**6 for** $(i = 1; i \leqslant n; i = i + 1)$ **do**

**7** $\quad$ **for** $(j = 1; j \leqslant |C|; j = j + 1)$ **do**

**8** $\quad\quad$ 计算样例 $\boldsymbol{x}_i$ 到类中心 $\boldsymbol{c}_j$ 的距离 $d_{ij}$;

**9** $\quad$ **end**

**10 end**

**11 for** $(i = 1; i \leqslant n; i = i + 1)$ **do**

**12** $\quad$ **for** $(j = 1; j \leqslant |C|; j = j + 1)$ **do**

**13** $\quad\quad$ // 计算 $\mu_{ij} = \mu_j(\boldsymbol{x}_i)$;

$$\mu_{ij} = \mu_j(\boldsymbol{x}_i) = \frac{\left(d_{ij}^2\right)^{-1}}{\sum\limits_{j=1}^{|C|} \left(d_{ij}^2\right)^{-1}}$$

**14** $\quad$ **end**

**15 end**

**16 return** $\mu_{ij}$.

---

确定训练集 $T$ 中每个样例的隶属度后, 对于给定的测试样例 $\boldsymbol{x}$, 根据 $\boldsymbol{x}$ 与其 $K$ 个近邻之间的距离, 模糊 K-近邻算法利用式 (1.12) 计算 $\boldsymbol{x}$ 的类别隶属度, 即

$$\mu_j(\boldsymbol{x}) = \frac{\sum\limits_{i=1}^{K} \mu_{ij} \times \left(\dfrac{1}{\| \boldsymbol{x} - \boldsymbol{x}_i \|^{\frac{2}{m-1}}}\right)}{\sum\limits_{i=1}^{K} \left(\dfrac{1}{\| \boldsymbol{x} - \boldsymbol{x}_i \|^{\frac{2}{m-1}}}\right)}, \quad 1 \leqslant j \leqslant |C| \tag{1.12}$$

其中, $m$ 是大于 1 的实数.

模糊 K-近邻算法在算法 1.3 中给出.

---

**算法 1.3:** 模糊K-近邻算法

1　**输入:** 训练集$T = \{(\boldsymbol{x}_i, y_i) | \boldsymbol{x}_i \in \mathbf{R}^d, y_i \in C, 1 \leqslant i \leqslant n\}$, 测试样例$\boldsymbol{x}$, 参数$K$.

2　**输出:** $\mu_j(\boldsymbol{x})$.

3　**for** $(i = 1; i \leqslant n; i = i + 1)$ **do**

4　　　计算测试样例$\boldsymbol{x}$到训练样例$\boldsymbol{x}_i$之间的距离;

5　　　寻找距离$\boldsymbol{x}$最近的$K$个训练样例;

6　**end**

7　利用式(1.12)计算$\mu_j(\boldsymbol{x})$;

8　return $\mu_j(\boldsymbol{x})$.

---

## 1.3　K-均值算法与模糊 K-均值算法

聚类分析是一种典型的无监督学习. 本节介绍两种著名聚类分析方法, 即 K-均值 (K-means) 算法与模糊 K-均值算法.

### 1.3.1　K-均值算法

K-means 算法 [5] 是一种简单的聚类算法, 但是其应用却非常广泛. 给定一个没有类别信息的数据集 $T = \{\boldsymbol{x}_i | \boldsymbol{x}_i \in \mathbf{R}^d, 1 \leqslant i \leqslant n\}$, K-means 算法将数据集中的 $n$ 个样例 $\boldsymbol{x}_i$ 划分为 $K$ 个簇, 使同一个簇中的样例比不同簇中的样例更相似. 度量样例相似性的方法有多种, 我们用欧氏距离度量样例之间的相似性.

K-means 算法是一种迭代算法, $K$ 是用户指定的参数, 表示簇的个数. 在聚类的过程中, 可以给每一个样例 $\boldsymbol{x}_i$ 分配一个簇识别号, 以标识哪个样例属于哪个簇. 这样, 同一个簇中的样例具有相同的识别号, 不同簇中的样例具有不同的识别号. 在 K-means 算法中, 每一个簇有一个聚类中心 $\boldsymbol{c}_j, 1 \leqslant j \leqslant K$. 我们用相应的中心表示相应的簇.

K-means 算法的目标是使下列函数达到最小值, 即

$$J = \sum_{i=1}^{n} \left( \underset{j}{\operatorname{argmin}} \parallel \boldsymbol{x}_i - \boldsymbol{c}_j \parallel_2^2 \right) \tag{1.13}$$

K-means 算法思想示意图如图 1.2 所示.

K-means 算法的伪代码在算法 1.4 中给出.

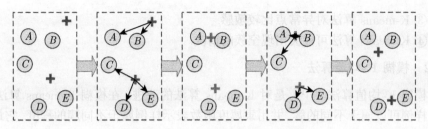

图 1.2    K-means 算法思想示意图

---

**算法 1.4:** K-means 算法

**1 输入:** 数据集$T = \{\boldsymbol{x}_i | \boldsymbol{x}_i \in \mathbf{R}^d, 1 \leqslant i \leqslant n\}$, 聚类个数$K$.

**2 输出:** $K$个聚类$C_1, C_2, \cdots, C_K$.

**3** 从$T$中随机选择$K$个点作为$K$个聚类的中心$\boldsymbol{c}_1, \boldsymbol{c}_2, \cdots, \boldsymbol{c}_K$;

**4 repeat**

**5**     **for** $(i = 1; i \leqslant n; i = i + 1)$ **do**

**6**         **for** $(j = 1; j \leqslant K; j = j + 1)$ **do**

**7**             计算$\boldsymbol{x}_i$到$\boldsymbol{c}_j$的距离$d_{ij}$;

**8**         **end**

**9**         $\boldsymbol{c}_j = \underset{1 \leqslant j \leqslant K}{\operatorname{argmin}}\{d_{ij}\}$;

**10**         将样例$\boldsymbol{x}_i$分配到聚类$C_j$;

**11**     **end**

**12**     // 更新聚类中心

      **for** $(j = 1; j \leqslant K; j = j + 1)$ **do**

**13**

**14**         $\boldsymbol{c}_j = \dfrac{1}{|C_j|} \displaystyle\sum_{\boldsymbol{x} \in C_j} \boldsymbol{x}$;

**15**     **end**

**16**     // 计算评价指标

**17**     $J = \displaystyle\sum_{i=1}^{n} \underset{j}{\operatorname{argmin}} \parallel \boldsymbol{x}_i - \boldsymbol{c}_j \parallel$

**18 until** $J$收敛;

**19 return** $C_1, C_2, \cdots, C_K$.

---

**说明:** K-means 算法具有下列不足 [5].

① K-means 算法对初始聚类中心很敏感, 初始聚类中心不同, 可能最终的聚类结果也不同.

② 最优的聚类个数, 即参数 $K$ 难以确定.

③ K-means 算法对异常点比较敏感.

④ K-means 算法可能会出现空簇的情况.

## 1.3.2　模糊 K-均值算法

模糊 K-均值算法 [12,13] 是对 K-means 算法的改进. 在模糊 K-means 算法中, 一个样例可以属于不同的簇, 并用隶属度函数表示样例属于不同簇的程度. 它最小化下面的目标函数, 即

$$J = \sum_{i=1}^{n} \sum_{j=1}^{K} \mu_{ij}^m \parallel \boldsymbol{x}_i - \boldsymbol{c}_j \parallel_2^2 \tag{1.14}$$

其中, $m$ 是大于 1 的实数; $\mu_{ij}$ 表示样例 $\boldsymbol{x}_i$ 属于簇 $C_j$ 的隶属度.

模糊 K-means 算法也是一种迭代算法. 在迭代过程中, $\mu_{ij}$ 和 $\boldsymbol{c}_j$ 由下式更新, 即

$$\mu_{ij} = \cfrac{1}{\sum_{s=1}^{K} \left( \cfrac{\parallel \boldsymbol{x}_i - \boldsymbol{c}_j \parallel}{\parallel \boldsymbol{x}_i - \boldsymbol{c}_s \parallel} \right)^{\frac{2}{m-1}}} \tag{1.15}$$

$$\boldsymbol{c}_j = \cfrac{\sum_{i=1}^{n} \mu_{ij}^m \boldsymbol{x}_i}{\sum_{i=1}^{n} \mu_{ij}^m} \tag{1.16}$$

模糊 K-means 算法的终止条件为

$$\max_{i,j} |\mu_{ij}^{(t+1)} - \mu_{ij}^{(t)}| < \epsilon \tag{1.17}$$

其中, $\epsilon \in (0,1)$; $t$ 为迭代的次数.

模糊 K-means 算法在算法 1.5 中给出.

---

**算法 1.5:** 模糊K-means算法

---

**1** 输入: 数据集$T = \{\boldsymbol{x}_i | \boldsymbol{x}_i \in \mathbf{R}^d, 1 \leqslant i \leqslant n\}$, 聚类个数$K$.

**2** 输出: $\mu_{ij}$.

**3** for $(i = 1; i \leqslant n; i = i + 1)$ do

**4** 　　for $(j = 1; j \leqslant K; j = j + 1)$ do

**5** 　　　初始化隶属度矩阵$\boldsymbol{U} = (\mu_{ij})$的元素为$(0,1)$区间内的小随机数;

**6** 　　end

**7** end

**8** for $(j = 1; j \leqslant K; j = j + 1)$ do

---

9     用式(1.16)计算簇均值向量$C = (c_1, c_2, \cdots, c_K)$;

10 **end**

11 **for** $(i = 1; i \leqslant n; i = i + 1)$ **do**

12     **for** $(j = 1; j \leqslant K; j = j + 1)$ **do**

13         用式(1.15)计算隶属度矩阵$U$;

14     **end**

15 **end**

16 **if** $(\parallel U^{(t+1)} - U^{(t)} \parallel < \epsilon)$ **then**

17     $U = U^{(t+1)}$;

18     转步骤22;

19 **else**

20     返回步骤8;

21 **end**

22 **return** $U$.

## 1.4 决策树算法

决策树算法是求解分类问题的有效算法, 既可以解决离散值分类问题, 也可以解决连续值分类问题. 下面介绍两种代表性的决策树算法.

### 1.4.1 离散值决策树算法

迭代二叉树 3 代 (interative dichotomiser 3, ID3) 算法 [14] 是著名的决策树算法, 用于解决离散值 (或符号值) 分类问题. 符号值分类问题是指决策表中条件属性是离散值属性的分类问题, 这种属性的取值是一些符号值. 因为 ID3 算法用树描述从决策表中挖掘出的决策 (分类) 规则, 所以称这种树为决策树.

决策树的叶子节点是决策属性的取值 (类别值), 内部节点是条件属性, 分支是条件属性的取值. 例如, 由表 1.2 用 ID3 算法生成的决策树如图 1.3 所示. 这棵树共有 5 个叶子节点 (用椭圆框表示), 它们是决策属性 PlayTennis 的取值 Yes 或 No; 共有 3 个内部节点 (用矩形框表示), 即 Outlook、Humidity 和 Wind. 其中, Outlook 是这棵树的根节点, 有 3 个孩子节点, 即 Sunny、Cloudy 和 Rain, 是条件属性 Outlook 的取值. 条件属性 Humidity 和 Wind 各有两个值, 它们各自有两个孩子节点. 下面介绍 ID3 算法.

ID3 算法是一种贪心算法. 它用信息增益作为贪心选择标准 (也称启发式) 选

择树的根节点 (也称扩展属性), 递归地构建决策树. ID3 算法的输入是一个离散值属性决策表, 输出是一棵表示规则的决策树. 在介绍 ID3 算法之前, 先介绍相关的概念.

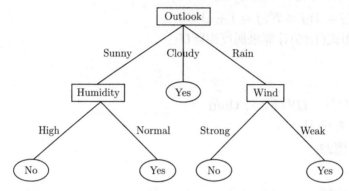

图 1.3　由表 1.2 用 ID3 算法生成的决策树

给定离散值属性决策表 $\mathrm{DT} = (U, A \cup C, V, f)$, 设 $U = \{\boldsymbol{x}_1, \boldsymbol{x}_2, \cdots, \boldsymbol{x}_n\}$, $A = \{a_1, a_2, \cdots, a_d\}$, 即决策表 DT 包含 $n$ 个样例, 每个样例用 $d$ 个属性描述. 又假设决策表中的样例分为 $k$ 类, 即 $C_1, C_2, \cdots, C_k$. $C_i$ 包含的样例数用 $|C_i|$ 表示, $1 \leqslant i \leqslant k$. 第 $i$ 类样例所占的比例用 $p_i = \dfrac{|C_i|}{n}$ 表示.

**定义 1.4.1**　给定离散值属性决策表 $\mathrm{DT} = (U, A \cup C, V, f)$, 集合 $U$ 的信息熵定义为

$$H(U) = -\sum_{i=1}^{k} p_i \log_2 p_i \tag{1.18}$$

**说明:**　式 (1.18) 定义的集合 $U$ 的信息熵, 实际上是把决策属性 PlayTennis 看作随机变量时的信息熵.

**定义 1.4.2**　给定离散值属性决策表 $\mathrm{DT} = (U, A \cup C, V, f)$, 对于 $a \in A$, 属性 $a$ 相对于 $U$ 的信息增益定义为

$$G(a; U) = H(U) - \sum_{v \in V_a} \frac{|U_v|}{|U|} H(U_v) \tag{1.19}$$

**说明:**

① 集合 $U$ 的信息熵是 $U$ 中样例类别的不确定性度量, 当 $U$ 中的样例属于同一个类时, 它的信息熵为 0; 当 $U$ 中的样例属于各个类别的数量相同时, 它的信息熵最大.

② $V_a$ 表示属性 $a$ 的值域, $U_v$ 表示由 $U$ 中属性 $a$ 的取值为 $v$ 的样例构成的集合.

③ 属性 $a$ 的信息增益表示在给定 $a$ 的前提下, 样例类别不确定性的减少. 减少的越多, 说明这个属性越重要.

④ 实际上, 信息增益就是信息论中的互信息. 它度量的是决策属性与条件属性之间的相关程度.

ID3 算法用信息增益作为贪心选择的标准来选择扩展属性, 并用选出的扩展属性划分决策表. 然后, 在决策表子集上用信息增益选择子树的根节点, 递归地构建决策树. 对于给定的决策表, 用 ID3 算法构建决策树时, 首先计算每一个条件属性的信息增益, 然后按信息增益由大到小排序, 信息增益最大的属性被选择为树的根节点 (扩展属性). ID3 算法在算法 1.6 中给出.

---

**算法 1.6: ID3算法**

---

1  **输入:** 离散值属性决策表 $DT = (U, A \cup C, V, f)$.
2  **输出:** 决策树.
3  **for** $(i = 1; i \leqslant d; i++)$ **do**
4  $\quad$ 用式(1.19)计算属性 $a_i$ 相对于 $U$ 的信息增益 $G(a_i; U)$;
5  **end**
6  **for** $(i = 1; i \leqslant d; i++)$ **do**
7  $\quad$ 对信息增益 $G(a_i; U)$ 按由大到小的次序排序, 假定排序的结果
   $\quad$ 为 $G(a_{i_1}; U), G(a_{i_2}; U), \cdots, G(a_{i_d}; U)$;
8  **end**
9  选择 $a_{i_1}$ 为树的根节点(扩展属性);
10 根据属性 $a_{i_1}$ 的取值, 将数据集 $U$ 划分为 $m$ 个子集 $U_1, U_2, \cdots, U_m$. 其中,
   $m$ 是属性 $a_{i_1}$ 取值的个数;
11 **for** $(i = 1; i \leqslant m; i++)$ **do**
12 $\quad$ **if** $U_i$ 中的样例属于同一类 **then**
13 $\quad\quad$ 产生一个叶节点;
14 $\quad$ **else**
15 $\quad\quad$ 重复步骤3~10;
16 $\quad$ **end**
17 **end**
18 输出决策树.

---

**例 1.4.1** 对如表 1.2 所示的离散值属性决策表, 给出用 ID3 算法生成决策树的过程.

　　**解:** ID3 算法的步骤可大致分为选择扩展属性和划分样例集合并递归地构建决策树.

　　(1) 选择扩展属性

　　首先根据式 (1.18) 计算集合 $U$ 的信息熵, 然后根据式 (1.19) 计算每一个条件属性的信息增益. 集合 $U$ 的信息熵为

$$H(U) = -\sum_{i=1}^{2} p_i \log_2 p_i = -\left(\frac{9}{14}\log_2\frac{9}{14} + \frac{5}{14}\log_2\frac{5}{14}\right) = 0.94$$

　　对于条件属性 Outlook, 相应的 $V_a = \{\text{Sunny, Cloudy, Rain}\}$, 对应的样例子集 (等价类) 分别为

$$U_{\text{Sunny}} = \{\boldsymbol{x}_1, \boldsymbol{x}_2, \boldsymbol{x}_8, \boldsymbol{x}_9, \boldsymbol{x}_{11}\}$$
$$U_{\text{Cloudy}} = \{\boldsymbol{x}_3, \boldsymbol{x}_7, \boldsymbol{x}_{12}, \boldsymbol{x}_{13}\}$$
$$U_{\text{Rain}} = \{\boldsymbol{x}_4, \boldsymbol{x}_5, \boldsymbol{x}_6, \boldsymbol{x}_{10}, \boldsymbol{x}_{14}\}$$

其中, 样例子集 $U_{\text{Sunny}}$ 共有 5 个样例, 3 个负例 (类别属性值为 No), 2 个正例 (类别属性值为 Yes); 样例子集 $U_{\text{Cloudy}}$ 共有 4 个样例, 都是正例; 样例子集 $U_{\text{Cloudy}}$ 共有 5 个样例, 2 个负例, 3 个正例.

　　因此, 样例子集的信息熵分别为

$$H(U_{\text{Sunny}}) = -\left(\frac{2}{5}\log_2\frac{2}{5} + \frac{3}{5}\log_2\frac{3}{5}\right) = 0.97$$
$$H(U_{\text{Cloudy}}) = -\left(\frac{4}{4}\log_2\frac{4}{4} + \frac{0}{0}\log_2\frac{0}{0}\right) = 0.00$$
$$H(U_{\text{Rain}}) = -\left(\frac{3}{5}\log_2\frac{3}{5} + \frac{2}{5}\log_2\frac{2}{5}\right) = 0.97$$

　　根据式 (1.19), 可得条件属性 Outlook 相对于 $U$ 的信息增益, 即

$$
\begin{aligned}
&G(\text{Outlook}; U)\\
&= H(U) - \sum_{v \in V_a} \frac{|U_v|}{|U|} H(U_v)\\
&= 0.94 - \left(\frac{5}{14}H(U_{\text{Sunny}}) + \frac{4}{14}H(U_{\text{Cloudy}}) + \frac{5}{14}H(U_{\text{Rain}})\right)\\
&= 0.94 - \left(\frac{5}{14} \times 0.97 + \frac{4}{14} \times 0.00 + \frac{5}{14} \times 0.97\right)\\
&= 0.24
\end{aligned}
$$

对于条件属性 Temperature, 相应的 $V_a = \{\text{Hot, Mild, Cool}\}$, 对应的样例子集分别为

$$U_{\text{Hot}} = \{\boldsymbol{x}_1, \boldsymbol{x}_2, \boldsymbol{x}_3, \boldsymbol{x}_{13}\}$$

$$U_{\text{Mild}} = \{\boldsymbol{x}_4, \boldsymbol{x}_8, \boldsymbol{x}_{10}, \boldsymbol{x}_{11}, \boldsymbol{x}_{12}, \boldsymbol{x}_{14}\}$$

$$U_{\text{Cool}} = \{\boldsymbol{x}_5, \boldsymbol{x}_6, \boldsymbol{x}_7, \boldsymbol{x}_9\}$$

其中, 样例子集 $U_{\text{Hot}}$ 共有 4 个样例, 2 个负例, 2 个正例; 样例子集 $U_{\text{Mild}}$ 共有 6 个样例, 2 个负例, 4 个正例; 样例子集 $U_{\text{Cool}}$ 共有 4 个样例, 1 个负例, 3 个正例.

因此, 样例子集的信息熵分别为

$$H(U_{\text{Hot}}) = -\left(\frac{2}{4}\log_2\frac{2}{4} + \frac{2}{4}\log_2\frac{2}{4}\right) = 1.00$$

$$H(U_{\text{Mild}}) = -\left(\frac{2}{6}\log_2\frac{2}{6} + \frac{4}{6}\log_2\frac{4}{6}\right) = 0.92$$

$$H(U_{\text{Cool}}) = -\left(\frac{1}{4}\log_2\frac{1}{4} + \frac{3}{4}\log_2\frac{3}{4}\right) = 0.81$$

根据式 (1.19), 可得条件属性 Temperature 相对于 $U$ 的信息增益, 即

$$
\begin{aligned}
&G(\text{Temperature}; U) \\
&= H(U) - \sum_{v \in V_a} \frac{|U_v|}{|U|} H(U_v) \\
&= 0.94 - \left(\frac{4}{14}H(U_{\text{Hot}}) + \frac{6}{14}H(U_{\text{Mild}}) + \frac{4}{14}H(U_{\text{Cool}})\right) \\
&= 0.94 - \left(\frac{4}{14} \times 1.00 + \frac{6}{14} \times 0.92 + \frac{4}{14} \times 0.81\right) \\
&= 0.02
\end{aligned}
$$

对于条件属性 Humidity, 相应的 $V_a = \{\text{High, Normal}\}$, 对应的样例子集分别为

$$U_{\text{High}} = \{\boldsymbol{x}_1, \boldsymbol{x}_2, \boldsymbol{x}_3, \boldsymbol{x}_4, \boldsymbol{x}_8, \boldsymbol{x}_{12}, \boldsymbol{x}_{14}\}$$

$$U_{\text{Normal}} = \{\boldsymbol{x}_5, \boldsymbol{x}_6, \boldsymbol{x}_7, \boldsymbol{x}_9, \boldsymbol{x}_{10}, \boldsymbol{x}_{11}, \boldsymbol{x}_{13}\}$$

其中, 样例子集 $U_{\text{High}}$ 共有 7 个样例, 4 个负例, 3 个正例; 样例子集 $U_{\text{Normal}}$ 共有 7 个样例, 1 个负例, 6 个正例.

因此, 样例子集的信息熵分别为

$$H(U_{\text{High}}) = -\left(\frac{3}{7}\log_2\frac{3}{7} + \frac{4}{7}\log_2\frac{4}{7}\right) = 0.99$$

$$H(U_{\text{Normal}}) = -\left(\frac{1}{7}\log_2\frac{1}{7} + \frac{6}{7}\log_2\frac{6}{7}\right) = 0.59$$

根据式 (1.19), 可得条件属性 Humidity 相对于 $U$ 的信息增益, 即

$$
\begin{aligned}
&G(\text{Humidity}; U)\\
&= H(U) - \sum_{v \in V_a} \frac{|U_v|}{|U|} H(U_v)\\
&= 0.94 - \left( \frac{7}{14} H(U_{\text{High}}) + \frac{7}{14} H(U_{\text{Normal}}) \right)\\
&= 0.94 - \left( \frac{7}{14} \times 0.99 + \frac{7}{14} \times 0.59 \right)\\
&= 0.15
\end{aligned}
$$

对于条件属性 Wind, 相应的 $V_a = \{\text{Weak}, \text{Strong}\}$, 对应的样例子集分别为

$$
U_{\text{Weak}} = \{\boldsymbol{x}_1, \boldsymbol{x}_3, \boldsymbol{x}_4, \boldsymbol{x}_5, \boldsymbol{x}_8, \boldsymbol{x}_9, \boldsymbol{x}_{10}, \boldsymbol{x}_{13}\}
$$
$$
U_{\text{Strong}} = \{\boldsymbol{x}_2, \boldsymbol{x}_6, \boldsymbol{x}_7, \boldsymbol{x}_{11}, \boldsymbol{x}_{12}, \boldsymbol{x}_{14}\}
$$

其中, 样例子集 $U_{\text{Weak}}$ 共有 8 个样例, 2 个负例, 6 个正例; 样例子集 $U_{\text{Strong}}$ 共有 6 个样例, 3 个负例, 3 个正例.

因此, 2 个样例子集的信息熵分别为

$$
H(U_{\text{Weak}}) = -\left( \frac{2}{8} \log_2 \frac{2}{8} + \frac{6}{8} \log_2 \frac{6}{8} \right) = 0.81
$$
$$
H(U_{\text{Strong}}) = -\left( \frac{3}{6} \log_2 \frac{3}{6} + \frac{3}{6} \log_2 \frac{3}{6} \right) = 1.00
$$

根据式 (1.19), 可得条件属性 Wind 相对于 $U$ 的信息增益, 即

$$
\begin{aligned}
&G(\text{Wind}; U)\\
&= H(U) - \sum_{v \in V_a} \frac{|U_v|}{|U|} H(U_v)\\
&= 0.94 - \left( \frac{8}{14} H(U_{\text{Weak}}) + \frac{6}{14} H(U_{\text{Strong}}) \right)\\
&= 0.94 - \left( \frac{8}{14} \times 0.81 + \frac{6}{14} \times 1.00 \right)\\
&= 0.05.
\end{aligned}
$$

对条件属性按信息增益由大到小排序, 可得 $G\,(\text{Outlook}; U) \geqslant G\,(\text{Humidity}; U) \geqslant G\,(\text{Wind}; U) \geqslant G\,(\text{Temperature}; U)$. 因为条件属性 Outlook 的信息增益最大, 所以它被选为扩展属性.

(2) 划分样例集合并递归地构建决策树

用条件属性 Outlook 划分样例集合 $U$ 可以得到以下 3 个子集, 即

$$U_1 = \{\boldsymbol{x}_1, \boldsymbol{x}_2, \boldsymbol{x}_8, \boldsymbol{x}_9, \boldsymbol{x}_{11}\}$$
$$U_2 = \{\boldsymbol{x}_3, \boldsymbol{x}_7, \boldsymbol{x}_{12}, \boldsymbol{x}_{13}\}$$
$$U_3 = \{\boldsymbol{x}_4, \boldsymbol{x}_5, \boldsymbol{x}_6, \boldsymbol{x}_{10}, \boldsymbol{x}_{14}\}$$

因为 $U_2$ 中的样例属于同一类 (Yes), 所以产生一个叶节点. 扩展属性 Outlook 对样例集合的划分如图 1.4 所示. 样例子集 $U_1$ 和 $U_3$ 中的样例属于不同的类, 对这两个子集重复 (1).

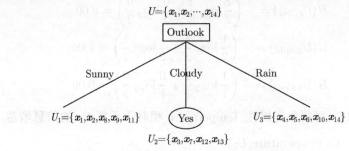

图 1.4 扩展属性 Outlook 对样例集合的划分

① 对样例子集 $U_1$ 重复 (1).

实际上, 样例子集 $U_1$ 是条件属性 Outlook 取值 Sunny 的等价类, 对应的决策表如表 1.5 所示.

表 1.5 样例子集 $U_1$ 对应的决策表

| $\boldsymbol{x}$ | Outlook | Temperature | Humidity | Wind | PlayTennis |
|---|---|---|---|---|---|
| $\boldsymbol{x}_1$ | Sunny | Hot | High | Weak | No |
| $\boldsymbol{x}_2$ | Sunny | Hot | High | Strong | No |
| $\boldsymbol{x}_8$ | Sunny | Mild | High | Weak | No |
| $\boldsymbol{x}_9$ | Sunny | Cool | Normal | Weak | Yes |
| $\boldsymbol{x}_{11}$ | Sunny | Mild | Normal | Strong | Yes |

首先, 计算样例子集 $U_1$ 的信息熵. 因为 $U_1$ 包含 5 个样例, 3 个负例, 2 个正例, 所以 $U_1$ 的信息熵为

$$H(U_1) = -\sum_{i=1}^{2} p_i \log_2 p_i = -\left(\frac{3}{5}\log_2\frac{3}{5} + \frac{2}{5}\log_2\frac{2}{5}\right) = 0.97$$

然后, 计算 3 个条件属性 Temperature、Humidity 和 Wind 相对于子集 $U_1$ 的信息增益 (用表 1.5 或样例子集 $U_1$ 计算).

对于条件属性 Temperature, 相应的 $V_a = \{\text{Hot, Mild, Cool}\}$, 对应的样例子集分别为

$$U_{1,\text{Hot}} = \{\boldsymbol{x}_1, \boldsymbol{x}_2\}$$

$$U_{1,\text{Mild}} = \{\boldsymbol{x}_8, \boldsymbol{x}_{11}\}$$

$$U_{1,\text{Cool}} = \{\boldsymbol{x}_9\}$$

其中, 样例子集 $U_{1,\text{Hot}}$ 共有 2 个样例, 均为负例; 样例子集 $U_{1,\text{Mild}}$ 共有 2 个样例, 1 个负例, 1 个正例; 样例子集 $U_{1,\text{Cool}}$ 共有 1 个样例, 为正例.

因此, 样例子集的信息熵分别为

$$H(U_{1,\text{Hot}}) = -\left(\frac{2}{2}\log_2\frac{2}{2} + \frac{0}{2}\log_2\frac{0}{2}\right) = 0.00$$

$$H(U_{1,\text{Mild}}) = -\left(\frac{1}{2}\log_2\frac{1}{2} + \frac{1}{2}\log_2\frac{1}{2}\right) = 1.00$$

$$H(U_{1,\text{Cool}}) = -\left(\frac{1}{1}\log_2\frac{1}{1} + \frac{0}{1}\log_2\frac{0}{1}\right) = 0.00$$

根据式 (1.19), 可得条件属性 Temperature 相对于子集 $U_1$ 的信息增益, 即

$$G(\text{Temperature}; U_1)$$
$$= H(U_1) - \sum_{v \in V_a} \frac{|U_{1,v}|}{|U_1|} H(U_{1,v})$$
$$= 0.97 - \left(\frac{2}{5}H(U_{1,\text{Hot}}) + \frac{2}{5}H(U_{1,\text{Mild}}) + \frac{1}{5}H(U_{1,\text{Cool}})\right)$$
$$= 0.97 - \left(\frac{2}{5} \times 0.00 + \frac{2}{5} \times 1.00 + \frac{1}{5} \times 0.00\right)$$
$$= 0.57$$

对于条件属性 Humidity, 相应的 $V_a = \{\text{High, Normal}\}$, 对应的样例子集分别为

$$U_{1,\text{High}} = \{\boldsymbol{x}_1, \boldsymbol{x}_2\,\boldsymbol{x}_8\}$$

$$U_{1,\text{Normal}} = \{\boldsymbol{x}_9, \boldsymbol{x}_{11}\}$$

其中, 样例子集 $U_{1,\text{High}}$ 共有 3 个样例, 均为负例; 样例子集 $U_{1,\text{Normal}}$ 共有 2 个样例, 均为正例.

因此, 样例子集的信息熵分别为

$$H(U_{1,\text{High}}) = -\left(\frac{3}{3}\log_2\frac{3}{3} + \frac{0}{3}\log_2\frac{0}{3}\right) = 0.00$$

$$H(U_{1,\text{Normal}}) = -\left(\frac{0}{2}\log_2\frac{0}{2} + \frac{2}{2}\log_2\frac{2}{2}\right) = 0.00$$

根据式 (1.19), 可得条件属性 Humidity 相对于子集 $U_1$ 的信息增益, 即

$$
\begin{aligned}
&G(\text{Humidity}; U_1) \\
&= H(U_1) - \sum_{v \in V_a} \frac{|U_{1,v}|}{|U_1|} H(U_{1,v}) \\
&= 0.97 - \left( \frac{3}{5} H(U_{1,\text{High}}) + \frac{2}{5} H(U_{1,\text{Normal}}) \right) \\
&= 0.97 - \left( \frac{3}{5} \times 0.00 + \frac{2}{5} \times 0.00 \right) \\
&= 0.97.
\end{aligned}
$$

对于条件属性 Wind, 相应的 $V_a = \{\text{Weak, Strong}\}$, 对应的样例子集分别为

$$
U_{1,\text{Weak}} = \{\boldsymbol{x}_1, \boldsymbol{x}_8, \boldsymbol{x}_9\}
$$

$$
U_{1,\text{Strong}} = \{\boldsymbol{x}_2, \boldsymbol{x}_{11}\}
$$

其中, 样例子集 $U_{1,\text{Weak}}$ 共有 3 个样例, 2 个负例, 1 正例; 样例子集 $U_{1,\text{Strong}}$ 共有 2 个样例, 1 个负例, 1 正例.

因此, 样例子集的信息熵分别为

$$
H(U_{1,\text{Weak}}) = -\left( \frac{2}{3} \log_2 \frac{2}{3} + \frac{1}{3} \log_2 \frac{1}{3} \right) = 0.92
$$

$$
H(U_{1,\text{Strong}}) = -\left( \frac{1}{2} \log_2 \frac{1}{2} + \frac{1}{2} \log_2 \frac{1}{2} \right) = 1.00
$$

根据式 (1.19), 可得条件属性 Wind 相对于子集 $U_1$ 的信息增益, 即

$$
\begin{aligned}
&G(\text{Wind}; U_1) \\
&= H(U_1) - \sum_{v \in V_a} \frac{|U_{1,v}|}{|U_1|} H(U_{1,v}) \\
&= 0.97 - \left( \frac{3}{5} H(U_{1,\text{Weak}}) + \frac{2}{5} H(U_{1,\text{Strong}}) \right) \\
&= 0.97 - \left( \frac{3}{5} \times 0.92 + \frac{2}{5} \times 1.00 \right) \\
&= 0.02
\end{aligned}
$$

对条件属性按信息增益由大到小排序, 可得 $G(\text{Humidity}; U_1) \geqslant G(\text{Temperature}; U_1) \geqslant G(\text{Wind}; U_1)$. 因为条件属性 Humidity 相对于子集 $U_1$ 的信息增益最大, 所以它被选为扩展属性.

用条件属性 Humidity 对 $U_1$ 进行划分, 可以得到 2 个样例子集, 即 $U_{11} = \{x_1, x_2, x_8\}$ 和 $U_{12} = \{x_9, x_{11}\}$. $U_{11}$ 中的样例都属于同一类 (No), $U_{12}$ 中的样例都属于同一类 (Yes), 生成两个叶节点. 样例子集 $U_1$ 上的递归过程如图 1.5 所示.

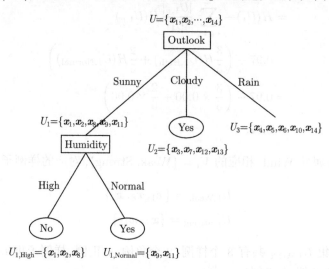

图 1.5  样例子集 $U_1$ 上的递归过程

② 对样例子集 $U_3$ 重复 (1).

样例子集 $U_3$ 是条件属性 Outlook 取值 Rain 的等价类, 对应的决策表如表 1.6 所示.

表 1.6  样例子集 $U_3$ 对应的决策表

| $x$ | Outlook | Temperature | Humidity | Wind | PlayTennis |
|---|---|---|---|---|---|
| $x_4$ | Rain | Mild | High | Weak | Yes |
| $x_5$ | Rain | Cool | Normal | Weak | Yes |
| $x_6$ | Rain | Cool | Normal | Strong | No |
| $x_{10}$ | Rain | Mild | Normal | Weak | Yes |
| $x_{14}$ | Rain | Mild | High | Strong | No |

首先, 计算样例子集 $U_3$ 的信息熵. 因为 $U_3$ 包含 5 个样例, 2 个负例, 3 个正例, 所以 $U_3$ 的信息熵为

$$H(U_3) = -\sum_{i=1}^{2} p_i \log_2 p_i = -\left(\frac{2}{5}\log_2\frac{2}{5} + \frac{3}{5}\log_2\frac{3}{5}\right) = 0.97$$

然后, 计算 3 个条件属性 Temperature、Humidity 和 Wind 相对于子集 $U_3$ 的信息增益 (用表 1.6 或样例子集 $U_3$ 计算).

对于条件属性 Temperature, 相应的 $V_a = \{\text{Mild, Cool}\}$, 对应的样例子集分别为

$$U_{3,\text{Mild}} = \{\boldsymbol{x}_4, \boldsymbol{x}_{10}, \boldsymbol{x}_{14}\}$$
$$U_{3,\text{Cool}} = \{\boldsymbol{x}_5, \boldsymbol{x}_6\}$$

其中, 样例子集 $U_{3,\text{Mild}}$ 共有 3 个样例, 1 个负例, 2 个正例; 样例子集 $U_{3,\text{Cool}}$ 共有 2 个样例, 1 个负例, 1 个正例.

因此, 3 个样例子集的信息熵分别为

$$H(U_{3,\text{Mild}}) = -\left(\frac{1}{3}\log_2\frac{1}{3} + \frac{2}{3}\log_2\frac{2}{3}\right) = 0.92$$
$$H(U_{3,\text{Cool}}) = -\left(\frac{1}{2}\log_2\frac{1}{2} + \frac{1}{2}\log_2\frac{1}{2}\right) = 1.00$$

根据式 (1.19), 可得条件属性 Temperature 相对于子集 $U_3$ 的信息增益, 即

$$G(\text{Temperature}; U_3)$$
$$= H(U_3) - \sum_{v \in V_a} \frac{|U_{3,v}|}{|U_3|} H(U_{3,v})$$
$$= 0.97 - \left(\frac{3}{5}H(U_{3,\text{Mild}}) + \frac{2}{5}H(U_{3,\text{Cool}})\right)$$
$$= 0.97 - \left(\frac{3}{5} \times 0.92 + \frac{2}{5} \times 1.00\right)$$
$$= 0.02$$

对于条件属性 Humidity, 相应的 $V_a = \{\text{High, Normal}\}$, 对应的样例子集分别为

$$U_{3,\text{High}} = \{\boldsymbol{x}_4, \boldsymbol{x}_{14}\}$$
$$U_{3,\text{Normal}} = \{\boldsymbol{x}_5, \boldsymbol{x}_6, \boldsymbol{x}_{10}\}$$

其中, 样例子集 $U_{3,\text{High}}$ 共有 2 个样例, 1 个负例, 1 个正例; 样例子集 $U_{3,\text{Normal}}$ 共有 3 个样例, 1 个负例, 2 个正例.

因此, 样例子集的信息熵分别为

$$H(U_{3,\text{High}}) = -\left(\frac{1}{2}\log_2\frac{1}{2} + \frac{1}{2}\log_2\frac{1}{2}\right) = 1.00$$
$$H(U_{3,\text{Normal}}) = -\left(\frac{1}{3}\log_2\frac{1}{3} + \frac{2}{3}\log_2\frac{2}{3}\right) = 0.92$$

根据式 (1.19), 可得条件属性 Humidity 相对于子集 $U_3$ 的信息增益, 即

$$
\begin{aligned}
&G(\text{Humidity}; U_3) \\
&= H(U_3) - \sum_{v \in V_a} \frac{|U_{3,v}|}{|U_3|} H(U_{3,v}) \\
&= 0.97 - \left( \frac{2}{5} H(U_{3,\text{High}}) + \frac{3}{5} H(U_{3,\text{Normal}}) \right) \\
&= 0.97 - \left( \frac{2}{5} \times 1.00 + \frac{3}{5} \times 0.92 \right) \\
&= 0.02
\end{aligned}
$$

对于条件属性 Wind, 相应的 $V_a = \{\text{Weak}, \text{Strong}\}$, 对应的样例子集分别为

$$
U_{3,\text{Weak}} = \{\boldsymbol{x}_4, \boldsymbol{x}_5, \boldsymbol{x}_{10}\}
$$
$$
U_{3,\text{Strong}} = \{\boldsymbol{x}_6, \boldsymbol{x}_{14}\}
$$

其中, 样例子集 $U_{3,\text{Weak}}$ 共有 3 个样例, 均为正例; 样例子集 $U_{3,\text{Strong}}$ 共有 2 个样例, 均为负例.

因此, 样例子集的信息熵分别为

$$
H(U_{3,\text{Weak}}) = - \left( \frac{0}{3} \log_2 \frac{0}{3} + \frac{3}{3} \log_2 \frac{3}{3} \right) = 0.00
$$
$$
H(U_{3,\text{Strong}}) = - \left( \frac{2}{2} \log_2 \frac{2}{2} + \frac{0}{2} \log_2 \frac{0}{2} \right) = 0.00
$$

根据式 (1.19), 可得条件属性 Wind 相对于子集 $U_3$ 的信息增益, 即

$$
\begin{aligned}
&G(\text{Wind}; U_3) \\
&= H(U_3) - \sum_{v \in V_a} \frac{|U_{3,v}|}{|U_3|} H(U_{3,v}) \\
&= 0.97 - \left( \frac{3}{5} H(U_{3,\text{Weak}}) + \frac{2}{5} H(U_{3,\text{Strong}}) \right) \\
&= 0.97 - \left( \frac{3}{5} \times 0.00 + \frac{2}{5} \times 0.00 \right) \\
&= 0.97
\end{aligned}
$$

对条件属性按信息增益由大到小排序, 可得 $G(\text{Wind}; U_3) \geqslant G(\text{Humidity}; U_3) = G(\text{Temperature}; U_3)$. 因为条件属性 Wind 相对于子集 $U_3$ 的信息增益最大, 所以它被选为扩展属性.

用条件属性 Wind 对 $U_3$ 进行划分, 可以得到 2 个样例子集, 即 $U_{31} = \{x_4, x_5, x_{10}\}$ 和 $U_{32} = \{x_6, x_{14}\}$. $U_{31}$ 中的样例都属于同一类 (Yes), $U_{32}$ 中的样例都属于同一类 (No), 生成两个叶节点. 样例子集 $U_3$ 上的递归过程如图 1.6 所示. 最终得到的决策树如图 1.3 所示.

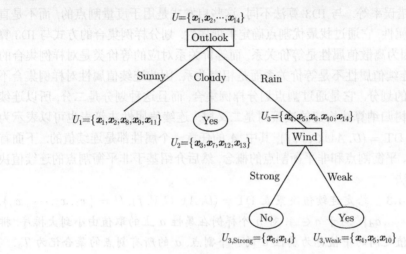

图 1.6 样例子集 $U_3$ 上的递归过程

决策树 (图 1.3) 中的每一条从根节点到叶节点的路径表示一条分类规则. 这样, 决策树中有多少个叶节点就有多少条分类规则. 如图 1.3 所示的决策树可转换为以下 5 条分类规则.

**规则 1:** 如果 Outlook=Sunny, 且 Humidity=High, 那么 PlayTennis=No.

**规则 2:** 如果 Outlook=Sunny, 且 Humidity=Normal, 那么 PlayTennis=Yes.

**规则 3:** 如果 Outlook=Cloudy, 那么 PlayTennis=Yes.

**规则 4:** 如果 Outlook=Rain, 且 Wind=Strong, 那么 PlayTennis=No.

**规则 5:** 如果 Outlook=Rain, 且 Wind=Weak, 那么 PlayTennis=Yes.

决策树生成后, 对于给定的未知类别的样例, 可以用决策树预测其类别. 例如, 给定样例 (Rain, Hot, High, Strong), 其在决策树中匹配的路径为 Outlook $\xrightarrow{\text{Rain}}$ Wind $\xrightarrow{\text{Strong}}$ No, 因此预测其类别为 No.

### 1.4.2 连续值决策树算法

解决连续值分类问题的一种直观想法是首先对连续值决策表进行离散化, 然后用离散值决策树归纳算法 (如 ID3 算法) 构建决策树. 但是, 离散化会造成信息丢失. 本节介绍一种直接从连续值决策表构建决策树的贪心算法, 即基于非平衡割点的连续值决策树归纳算法 [15].

基于非平衡割点的连续值决策树归纳算法可以看作是 ID3 算法的推广. 它是在离散化思想的基础上提出的一种决策树归纳算法, 不需要对连续数据进行离散化. 与 ID3 算法类似, 该算法也分为两步, 即选择扩展属性, 划分样例集合并递归地构建决策树. 选择扩散属性使用的启发式和 ID3 算法类似, 可以是信息增益、Gini 指数、分类错误率等. 与 ID3 算法不同, 这些启发式是用于度量割点的, 而不是直接度量条件属性, 它通过找最优割点确定扩展属性. 划分样例集合的方式与 ID3 算法也不同, 因为离散值属性是等价关系, 而等价关系对应的等价类是对样例集合的自然划分. 连续值属性不是等价关系而是相容关系, 因此连续值属性对样例集合不能形成自然的划分. 它是通过割点划分样例集合, 而且这种划分是二分, 所以连续值属性决策树归纳算法构建的决策树是二叉树. 连续值属性决策表也可以表示为一个四元组 $DT = (U, A \cup C, V, f)$, 其中 $A$ 的任意一个属性都是连续值的. 下面首先介绍割点、平衡割点和非平衡割点的概念, 然后介绍基于非平衡割点的连续值决策树归纳算法.

**定义 1.4.3**    给定连续值决策表 $DT = (U, A \cup C, V, f)$, $U = \{\boldsymbol{x}_1, \boldsymbol{x}_2, \cdots, \boldsymbol{x}_n\}$, $A = \{a_1, a_2, \cdots, a_d\}$. 对于 $a \in A$, 对 $n$ 个样例在属性 $a$ 上的取值由小到大排序, 排序后每两个值之间的中值称为属性 $a$ 的一个割点, $a$ 的所有割点的集合记为 $T_a$.

显然, 对于 $a \in A$, 属性 $a$ 共有 $n-1$ 个割点. 下面给出平衡割点和非平衡割点的概念.

**定义 1.4.4**    给定连续值决策表 $DT = (U, A \cup C, V, f)$, 对于 $a \in A$, 设 $t$ 是属性 $a$ 的一个割点. 如果割点 $t$ 两边的样例属于相同的类别, 则称 $t$ 为平衡割点; 否则, 称 $t$ 为非平衡割点.

如表 1.7 所示, 包含 2 个条件属性, 12 个样例. 这些样例被分为两类, 分别用 "1" 和 "2" 表示. 决策表中的样例按属性 $a_1$ 的取值由小到大排序, 如表 1.8 所示. $a_1$ 有 11 个割点, 即 $t_1, t_2, \cdots, t_{11}$. 其中, 平衡割点有 6 个, 如第 1 个割点 $t_1 = \dfrac{33 + 47.4}{2} = 40.2$, 它两边的样例 $\boldsymbol{x}_{11}$ 和 $\boldsymbol{x}_{10}$ 都属于第 2 类. 非平衡割点有 5 个, 如第 3 个割点 $t_3 = \dfrac{59.4 + 60}{2} = 59.7$, 它两边的样例属于不同的类别, $\boldsymbol{x}_8$ 属于第 2 类, $\boldsymbol{x}_1$ 属于第 1 类. 决策表中的样例按属性 $a_2$ 的取值由小到大排序, 如表 1.9 所示. $a_2$ 有 8 个平衡割点, 3 个非平衡割点.

对于 $a \in A$, $a$ 的任意一个割点 $t$ 可以将样例集合 $U$ 划分成两个子集 $U_1$ 和 $U_2$, 其中 $U_1 = \{\boldsymbol{x} | (\boldsymbol{x} \in U) \wedge (f(\boldsymbol{x}, a) \leqslant t)\}$, $U_2 = \{\boldsymbol{x} | (\boldsymbol{x} \in U) \wedge (f(\boldsymbol{x}, a) > t)\}$, 即 $U_1$ 是由属性 $a$ 的取值小于等于割点 $t$ 的样例构成的子集, $U_2$ 是由属性 $a$ 的取值大于 $t$ 的样例构成的子集.

这里我们用 Gini 指数度量割点的重要性. 下面先给出集合的 Gini 指数的定义, 然后给出割点的 Gini 指数的定义.

**表 1.7 具有 12 个样例的连续值决策表**

| $x$ | $a_1$ | $a_2$ | $c$ |
| --- | --- | --- | --- |
| $x_1$ | 60.0 | 18.4 | 1 |
| $x_2$ | 81.0 | 20.0 | 1 |
| $x_3$ | 85.5 | 16.8 | 1 |
| $x_4$ | 64.8 | 21.6 | 1 |
| $x_5$ | 61.5 | 20.8 | 1 |
| $x_6$ | 110.1 | 19.2 | 1 |
| $x_7$ | 69.0 | 20.0 | 1 |
| $x_8$ | 59.4 | 16.0 | 2 |
| $x_9$ | 66.0 | 18.4 | 2 |
| $x_{10}$ | 47.4 | 16.4 | 2 |
| $x_{11}$ | 33.0 | 18.8 | 2 |
| $x_{12}$ | 63.0 | 14.8 | 2 |

**表 1.8 12 个样例按属性 $a_1$ 排序后的决策表**

| $x$ | $a_1$ | $a_2$ | $c$ |
| --- | --- | --- | --- |
| $x_{11}$ | 33.0 | 18.8 | 2 |
| $x_{10}$ | 47.4 | 16.4 | 2 |
| $x_8$ | 59.4 | 16.0 | 2 |
| $x_1$ | 60.0 | 18.4 | 1 |
| $x_5$ | 61.5 | 20.8 | 1 |
| $x_{12}$ | 63.0 | 14.8 | 2 |
| $x_4$ | 64.8 | 21.6 | 1 |
| $x_9$ | 66.0 | 18.4 | 2 |
| $x_7$ | 69.0 | 20.0 | 1 |
| $x_2$ | 81.0 | 20.0 | 1 |
| $x_3$ | 85.5 | 16.8 | 1 |
| $x_6$ | 110.1 | 19.2 | 1 |

**表 1.9 12 个样例按属性 $a_2$ 排序后的决策表**

| $x$ | $a_1$ | $a_2$ | $c$ |
| --- | --- | --- | --- |
| $x_{12}$ | 63.0 | 14.8 | 2 |
| $x_8$ | 59.4 | 16.0 | 2 |
| $x_{10}$ | 47.4 | 16.4 | 2 |
| $x_3$ | 85.5 | 16.8 | 1 |
| $x_1$ | 60.0 | 18.4 | 1 |
| $x_9$ | 66.0 | 18.4 | 2 |
| $x_{11}$ | 33.0 | 18.8 | 2 |
| $x_6$ | 110.1 | 19.2 | 1 |
| $x_7$ | 69.0 | 20.0 | 1 |
| $x_2$ | 81.0 | 20.0 | 1 |
| $x_5$ | 61.5 | 20.8 | 1 |
| $x_4$ | 64.8 | 21.6 | 1 |

**定义 1.4.5**　给定连续值决策表 $\text{DT} = (U, A \cup C, V, f)$, 设 $U$ 中的样例分为 $k$ 类, 分别用 $C_1, C_2, \cdots, C_k$ 表示, 第 $i$ 类样例所占比例为 $p_i = \dfrac{|C_i|}{|U|}(1 \leqslant i \leqslant k)$. 集合 $U$ 的 Gini 指数定义为

$$\text{Gini}(U) = 1 - \sum_{i=1}^{k} p_i^2 \tag{1.20}$$

**定义 1.4.6**　给定连续值决策表 $\text{DT} = (U, A \cup C, V, f)$, 设 $t$ 是属性 $a$ 的一个割点, 它将样例集合 $U$ 划分为 $U_1$ 和 $U_2$ 两个子集. 割点 $t$ 的 Gini 指数定义为

$$\text{Gini}(t, a, U) = \frac{|U_1|}{|U|}\text{Gini}(U_1) + \frac{|U_2|}{|U|}\text{Gini}(U_2) \tag{1.21}$$

**说明:**

① 集合的 Gini 指数和集合的信息熵类似, 度量的也是集合中样例类别的不确定性. 集合的 Gini 指数越大, 样例类别的混乱程度越高.

② 割点的 Gini 指数是割点划分出的两个样例子集 Gini 指数的平均值. 割点的 Gini 指数度量的是割点划分出的两个子集中样例类别的不确定性. 显然, 割点的 Gini 指数越小, 这个割点划分出的两个子集中样例类别的不确定性越小, 这个割点也越重要.

③ 割点 $t$ 的重要性还可以用信息增益和信息熵来度量.

④ 对于 $a \in A$, $a$ 都有一个最优割点, 称为局部最优割点. 如果 $A$ 中包含 $d$ 个属性, 则可以找到 $d$ 个局部最优割点. 在这 $d$ 个局部最优割点中, Gini 指数最小的割点称为全局最优割点; 它对应的属性即最优属性或扩展属性.

关于全局最优割点, Fayyad 等 [15] 证明了下面的结论是成立的.

**定理 1.4.1**　全局最优割点一定是非平衡割点.

根据定理 1.4.1, 我们在找局部最优割点时, 只需计算非平衡割点的 Gini 指数, 这样计算量会大大降低. 算法 1.7 给出了基于非平衡割点的连续值决策树归纳算法的步骤.

**例 1.4.2**　对如表 1.7 所示的连续值属性决策表, 给出用基于非平衡割点的连续值决策树归纳算法生成决策树的过程.

**解:** 与 ID3 算法类似, 基于非平衡割点的连续值决策树归纳算法的步骤也分为两步, 即选择扩展属性, 划分样例集合并递归地构建决策树.

(1) 选择扩展属性

与 ID3 算法不同, 基于非平衡割点的连续值决策树归纳算法通过选择最优割点来选择扩展属性. 由表 1.8 可知, 条件属性 $a_1$ 有 5 个非平衡割点, 即 $t_1 = \dfrac{59.4 + 60}{2} = 59.7$, $t_2 = \dfrac{61.5 + 63}{2} = 62.25$, $t_3 = \dfrac{63 + 64.8}{2} = 63.9$, $t_4 = \dfrac{64.8 + 66}{2} =$

$65.4$, $t_5 = \dfrac{66 + 69}{2} = 67.5$. 下面计算这 5 个非平衡割点的 Gini 指数.

---

**算法 1.7: 基于非平衡割点的连续值决策树归纳算法**

---

**1** **输入:** 连续值属性决策表$\mathrm{DT} = (U, A \cup C, V, f)$.

**2** **输出:** 决策树.

**3** **for** (每一个属性$a \in A$) **do**

**4**    **for** (属性$a$的每一个非平衡割点$t \in T_a$) **do**

**5**       用式(1.21)计算非平衡割点$t$的Gini指数Gini$(t, a, U)$;

**6**    **end**

**7** **end**

**8** 选择属性$a$的局部最优割点$t'$, 使得$t' = \underset{t \in T_a}{\arg\min} \{\mathrm{Gini}(t, a, U)\}$;

**9** 将$t'$加入到候选全局最优割点集合$T$中;

**10** 从$T$中找全局最优割点$t^*$, 使得$t^* = \underset{t' \in T}{\arg\min} \{\mathrm{Gini}(t', a, U)\}$, $t^*$对应的属性即扩展属性$a^*$;

**11** 用全局最优割点$t^*$将数据集$U$划分为2个子集$U_1$和$U_2$. 其中, $U_1 = \{\boldsymbol{x} | (\boldsymbol{x} \in U) \wedge (f(\boldsymbol{x}, a) \leqslant t^*)\}$, $U_2 = \{\boldsymbol{x} | (\boldsymbol{x} \in U) \wedge (f(\boldsymbol{x}, a) > t^*)\}$;

**12** **for** ($i = 1; i \leqslant 2; i++$) **do**

**13**    **if** ($U_i$中的样例属于同一类) **then**

**14**       产生一个叶节点;

**15**    **else**

**16**       重复步骤3~11;

**17**    **end**

**18** **end**

**19** 输出决策树.

---

非平衡割点 $t_1$ 将样例集合 $U$ 划分为 $U_1$ 和 $U_2$ 两个子集. $U_1$ 中的样例在属性 $a_1$ 上的取值均小于等于 $t_1$. $U_2$ 中的样例在 $a_1$ 上的取值均大于 $t_1$. 由表 1.8 可以看出, $U_1 = \{\boldsymbol{x}_8, \boldsymbol{x}_{10}, \boldsymbol{x}_{11}\}$, $U_2 = U - U_1$. $U_1$ 中只包含第 2 类的样例, $U_2$ 中包含 7 个第 1 类的样例, 包含 2 个第 2 类的样例. 由式 (1.20) 可得 $U_1$ 和 $U_2$ 的 Gini 指数, 即

$$\mathrm{Gini}(U_1) = 1 - \left[\left(\frac{0}{3}\right)^2 + \left(\frac{3}{3}\right)^2\right] = 0.00$$

$$\text{Gini}(U_2) = 1 - \left[ \left( \frac{7}{9} \right)^2 + \left( \frac{2}{9} \right)^2 \right] = 0.35$$

根据式 (1.21) 可得非平衡割点 $t_1$ 的 Gini 指数, 即

$$\begin{aligned} \text{Gini}(t_1, a_1, U) &= \frac{|U_1|}{|U|}\text{Gini}(U_1) + \frac{|U_2|}{|U|}\text{Gini}(U_2) \\ &= \frac{3}{12} \times 0.00 + \frac{9}{12} \times 0.35 \\ &= 0.26 \end{aligned}$$

类似地, 可计算条件属性 $a_1$ 的其他 4 个非平衡割点的 Gini 指数, 即 $\text{Gini}(t_2, a_1, U) = 0.44$, $\text{Gini}(t_3, a_1, U) = 0.36$, $\text{Gini}(t_4, a_1, U) = 0.31$, $\text{Gini}(t_5, a_1, U) = 0.46$. 在 $a_1$ 的这 5 个非平衡割点中, 因为 $t_1 = \dfrac{59.4 + 60}{2} = 59.7$ 的 Gini 指数最小, 所以 $t_1$ 是 $a_1$ 的局部最优割点 $t_1'$, 我们将其加入候选全局最优割点集合 $T$ 中.

条件属性 $a_2$ 有 3 个非平衡割点, 它们的 Gini 指数分别为 $\text{Gini}(t_1, a_2, U) = 0.26$, $\text{Gini}(t_2, a_2, U) = 0.44$, $\text{Gini}(t_3, a_2, U) = 0.24$. 在 $a_2$ 的这 3 个非平衡割点中, 因为 $t_3 = \dfrac{18.8 + 19.2}{2} = 19$ 的 Gini 指数最小, 所以 $t_3$ 是 $a_2$ 的局部最优割点 $t_2'$, 我们将其加入候选全局最优割点集合 $T$ 中.

从 $T$ 中选择全局最优割点, 因为 $a_2$ 的局部最优割点 $t_2' = 19$ 的 Gini 指数 0.24, 小于 $a_1$ 的局部最优割点 $t_1' = 59.7$ 的 Gini 指数 0.26, 所以 $t_2' = 19$ 是全局最优割点 $t^*$, 相应的属性 $a_2$ 选择为扩展属性.

(2) 划分样例集合并递归地构建决策树

用条件属性 $a_2$ 的最优割点 $t^* = 19$ 划分样例集合 $U$ 为两个子集 $U_1$ 和 $U_2$, 如图 1.7 所示. $U_1$ 中包含的样例在属性 $a_2$ 上的取值均小于等于 19. $U_2$ 中包含的样例在属性 $a_2$ 上的取值均大于 19. 因为 $U_2$ 中的样例都属于第 1 类, 所以产生一个类别为 "1" 叶节点. 而 $U_1$ 中的样例不属于同一个类别, 因此在子集 $U_1$ 上重复上述过程. 最终构建的决策树如图 1.8 所示.

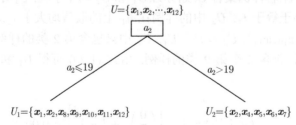

图 1.7　用最优割点 $t^* = 19$ 划分样例集合 $U$ 为 $U_1$ 和 $U_2$ 两个子集

如图 1.8 所示, 决策树有 5 个叶节点, 这样它可以转化为 5 条分类规则.

**规则 1:** 如果 $a_1 \leqslant 59.7$ 且 $a_2 \leqslant 19$, 则分类为 2.

**规则 2:** 如果 $59.7 < a_1 \leqslant 75.75$ 且 $a_2 \leqslant 16.6$, 则分类为 1.

**规则 3:** 如果 $59.7 < a_1 \leqslant 75.75$ 且 $16.6 < a_2 \leqslant 19$, 则分类为 2.

**规则 4:** 如果 $a_1 > 75.75$ 且 $a_2 \leqslant 19$, 则分类为 1.

**规则 5:** 如果 $a_2 > 19$, 则分类为 1.

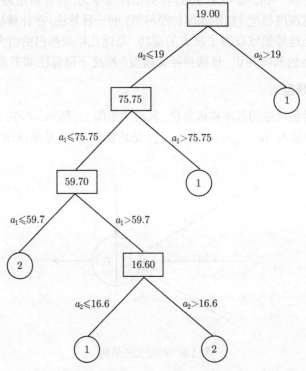

图 1.8    由表 1.7 用基于非平衡割点的连续值决策树归纳算法构建的决策树

# 1.5    神经网络

神经网络 [16,17] 是一种图计算模型. 作为一种机器学习方法, 神经网络既可以解决分类问题, 也可以解决回归问题. 神经网络的研究可以追溯到 1943 年. 在这一年, Mcculloch 和 Pitts 提出神经元模型, 即著名的 M-P 模型, 开启了神经网络的研究. 神经元模型是神经网络的基本构造单元, 也可以看作一种最简单的神经网络. Rosenblatt 于 1958 年提出感知器模型, 标志着神经网络研究迎来第一次热潮. Minsky 和 Papert 于 1969 年从数学的角度证明了单层神经网络逼近能力有限, 其至连简单的异或问题都不能解决, 使神经网络研究陷入了第一次低潮. Rumelhart 等于 1986 年成功实现了用反向传播 (back propagaton, BP) 算法训练多层神经网络, 神经网络研究才迎来第二次研究的热潮. 此后近十年时间, BP 算法始终占据统治地位. 但是 BP 算法容易产生过拟合、梯度消失、局部最优等问题. Vapnik 和 Cortes 于 1995 年提出支持向量机 (support vector machine, SVM). 由于 SVM 具有坚实的理论基础, 在应用中也表现出比神经网络更好的效果, 因此神经网络的研究此后一直不冷不热. Hinton 等于 2006 年提出深度学习, 神经网络迎来又一次高潮. 深度学习是训练深度模型 (包括深度神经网络) 的一种算法, 在计算机视觉、语音识别、自然语言处理等领域取得了极大的成功, 是近几年最热门的研究领域之一. 本节介绍神经网络的基础知识, 包括神经元模型、梯度下降算法和多层感知器模型.

### 1.5.1　神经元模型

神经元是神经网络的基本构成单位, 其结构如图 1.9 所示. 其中, $\boldsymbol{x} = (x_1, x_2, \cdots, x_d)$ 是神经元的输入, $\boldsymbol{w} = (w_1, w_2, \cdots, w_d)$ 是连接权, $f(\cdot)$ 是激活函数, $b$ 是神经元的偏置.

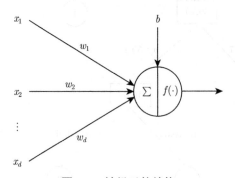

图 1.9　神经元的结构

从图 1.9 可以看出, 神经元的输出为

$$o = f(\boldsymbol{w}\boldsymbol{x} + b) = f\left(\sum_{i=1}^{d} w_i x_i + b\right) \tag{1.22}$$

如果把偏置 $b$ 看作一种特殊的连接权 $w_0$, 相应的输入为 $x_0 = 1$, 此时, $\boldsymbol{x} = (x_0, x_1, \cdots, x_d)$, $\boldsymbol{w} = (w_0, w_1, \cdots, w_d)$, 那么式 (1.22) 变为

$$o = f(\boldsymbol{w}\boldsymbol{x} + b) = f\left(\sum_{i=0}^{d} w_i x_i\right) \tag{1.23}$$

激活函数的作用是对神经元的输出进行调制, 常用的激活函数包括以下 4 种.

(1) 阈值函数

阈值函数的表达式为

$$f(x) = \begin{cases} 1, & x \geqslant 0 \\ 0, & x < 0 \end{cases} \tag{1.24}$$

(2) 分段线性函数

分段线性函数的表达式为

$$f(x) = \begin{cases} 1, & x \geqslant 1 \\ \dfrac{1+x}{2}, & -1 \leqslant x < 1 \\ 0, & x < -1 \end{cases} \tag{1.25}$$

(3) Sigmoid 函数

Sigmoid 函数的表达式为

$$f(x) = \frac{1}{1 + \mathrm{e}^{-\alpha x}} \tag{1.26}$$

其中, $\alpha$ 是大于零的参数.

(4) 双曲正切函数

双曲正切函数的表达式为

$$f(x) = \frac{1 - \mathrm{e}^{-2\alpha x}}{1 + \mathrm{e}^{-2\alpha x}} \tag{1.27}$$

其中, $\alpha$ 是大于零的参数.

如果神经元的激活函数为线性函数 $y = x$, 那么称这种神经元为线性元.

### 1.5.2 梯度下降算法

为便于理解, 我们以不带偏置的线性元为例介绍梯度下降算法. 给定一个训练集 $\mathrm{DT} = \{(\boldsymbol{x}_j, y_j) | 1 \leqslant j \leqslant n\}$, $\boldsymbol{x}_j = (x_{j1}, x_{j2}, \cdots, x_{jd})$ 是训练样例, $y_j$ 是期望输出. 线性元的训练误差为

$$E(\boldsymbol{w}) = \frac{1}{2} \sum_{j=1}^{n} (y_j - o_j)^2 \tag{1.28}$$

其中, $o_j$ 是线性元关于训练样例 $\boldsymbol{x}_j$ 的实际输出; $y_j$ 是相应的期望输出.

对于 $d = 2$ 的特殊情况, 误差曲面如图 1.10 所示. 图中箭头指的是点 $A$ 处的梯度下降方向.

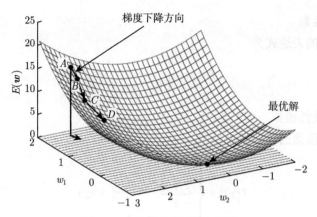

图 1.10  $d = 2$ 时的误差曲面

梯度下降算法是求解最优化问题的一种数值计算方法, 它从某一个初始点 (如 $A$ 点) 开始, 沿着梯度下降的方向, 按一定的步长移动到另一点 (如 $B$ 点), 如此重复进行, 直到找到问题的最优解.

梯度下降的方向是下降最快的方向. 该方向由误差函数的梯度向量决定, 下面给出梯度的定义.

**定义 1.5.1**  式 (1.29) 给出的导数向量称为误差函数 $E(\boldsymbol{w})$ 的梯度, 记为 $\nabla E(\boldsymbol{w})$, 即

$$\nabla E(\boldsymbol{w}) = \left( \frac{\partial E}{\partial w_1}, \frac{\partial E}{\partial w_2}, \cdots, \frac{\partial E}{\partial w_d} \right) \tag{1.29}$$

实际上, 由 $\nabla E(\boldsymbol{w})$ 确定的方向是权空间 (或参数空间) 中的最速上升方向, 负梯度方向 $-\nabla E(\boldsymbol{w})$ 是最速下降方向, 如图 1.10 中箭头所指的方向.

梯度下降算法的权值更新规则 (也称 $\delta$ 规则) 可由式 (1.30) 给出, 即

$$\boldsymbol{w} = \boldsymbol{w} - \eta \nabla E(\boldsymbol{w}) \tag{1.30}$$

其中, $\eta$ 是一个正常数, 称为学习率, 决定梯度下降的步长.

分量形式的权值更新规则可由式 (1.31) 给出, 即

$$w_i = w_i - \eta \frac{\partial E}{\partial w_i} \tag{1.31}$$

其中

$$\frac{\partial E}{\partial w_i} = \frac{\partial}{\partial w_i} \frac{1}{2} \sum_{j=1}^{n} (y_j - o_j)^2$$

$$= \frac{1}{2} \sum_{j=1}^{n} \frac{\partial}{\partial w_i} (y_j - o_j)^2$$

$$= \frac{1}{2} \sum_{j=1}^{n} 2(y_j - o_j) \frac{\partial}{\partial w_i} (y_j - o_j)$$

$$= \sum_{j=1}^{n} (y_j - o_j)(-x_{ij})$$

权增量的计算为

$$\triangle w_i = \eta \sum_{j=1}^{n} (y_j - o_j) x_{ij} \tag{1.32}$$

针对线性元模型的梯度下降贪心算法在算法 1.8 中给出.

---

**算法 1.8:** 梯度下降贪心算法

---

1 **输入:** 训练集 $\mathrm{DT} = \{(\boldsymbol{x}, y)\}$, 学习率 $\eta$.

2 **输出:** 权向量 $\boldsymbol{w}$.

3 初始化 $w_i$ 为小随机数;

4 **while** (不满足停止条件时) **do**

5      $\triangle w_i = 0$;

6      **for** $(\forall (\boldsymbol{x}, y) \in \mathrm{DT})$ **do**

7          将 $\boldsymbol{x}$ 输入线性元模型, 计算相应的输出 $\boldsymbol{o}$;

8          **for** $(\forall w_i)$ **do**

9              $\triangle w_i = \triangle w_i + \eta(\boldsymbol{y} - \boldsymbol{o}) x_i$;

10          **end**

11      **end**

12      **for** $(\forall w_i)$ **do**

13          $w_i = w_i + \triangle w_i$;

14      **end**

15 **end**

16 **return** $\boldsymbol{w}$.

---

### 1.5.3 多层感知器模型

多层感知器也称为多层前馈神经网络, 其结构如图 1.11 所示.

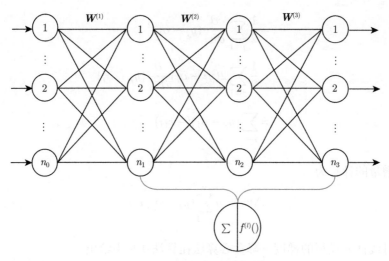

图 1.11　多层感知器结构示意图

　　神经网络的训练是指用训练数据确定网络最优参数 (权值、偏置) 的过程. 训练数据的集合称为训练集. 用于训练神经网络的训练集必须是实数值 (连续值) 数据集. 如果用于求解分类问题, 那么数据集还要有类标. 如果用于求解回归问题, 那么数据集还要有期望输出值. 神经网络的测试是指用测试数据评估训练好的神经网络的性能 (泛化能力、测试精度、测试误差). 对于给定的数据集, 一般按一定比例随机将其划分为训练集和测试集. BP 算法是训练多层前馈神经网络的常用算法. 下面以图 1.11 所示的前馈神经网络为例介绍 BP 算法. BP 算法包括前向传播和后向传播两个阶段.

### 1. 第一个阶段: 前向传播

前向传播是指将数据输入多层前馈神经网络中, 计算网络的输出.
在图 1.11 中, 第一层权矩阵为

$$\boldsymbol{W}^{(1)} = \left[ w_{ji}^{(1)} \right]_{n_1 \times n_0} \tag{1.33}$$

第二层权矩阵为

$$\boldsymbol{W}^{(2)} = \left[ w_{rj}^{(2)} \right]_{n_2 \times n_1} \tag{1.34}$$

第三层权矩阵为

$$\boldsymbol{W}^{(3)} = \left[ w_{sr}^{(3)} \right]_{n_3 \times n_2} \tag{1.35}$$

其中, $i = 1, 2, \cdots, n_0; j = 1, 2, \cdots, n_1; r = 1, 2, \cdots, n_2; s = 1, 2, \cdots, n_3$.

对于给定的输入 $\boldsymbol{x} \in R^{n_0 \times 1}$, 第一层的输出为

$$\boldsymbol{x}_{(\mathrm{out},1)} = \boldsymbol{f}^{(1)}\left(\boldsymbol{v}^{(1)}\right) = \boldsymbol{f}^{(1)}\left(\boldsymbol{W}^{(1)}\boldsymbol{x}\right) \in R^{n_1 \times 1} \tag{1.36}$$

第二层的输出为

$$\boldsymbol{x}_{(\mathrm{out},2)} = \boldsymbol{f}^{(2)}\left(\boldsymbol{v}^{(2)}\right) = \boldsymbol{f}^{(2)}\left(\boldsymbol{W}^{(2)}\boldsymbol{x}_{\mathrm{out},1}\right) \in R^{n_2 \times 1} \tag{1.37}$$

第三层的输出为

$$\boldsymbol{x}_{(\mathrm{out},3)} = \boldsymbol{f}^{(3)}\left(\boldsymbol{v}^{(3)}\right) = \boldsymbol{f}^{(3)}\left(\boldsymbol{W}^{(3)}\boldsymbol{x}_{\mathrm{out},2}\right) \in R^{n_3 \times 1} \tag{1.38}$$

整个网络的输出为

$$\boldsymbol{y} = \boldsymbol{x}_{(\mathrm{out},3)} = \boldsymbol{f}^{(3)}\left(\boldsymbol{W}^{(3)}\boldsymbol{f}^{(2)}\left(\boldsymbol{W}^{(2)}\boldsymbol{f}^{(1)}\left(\boldsymbol{W}^{(1)}\boldsymbol{x}\right)\right)\right) \tag{1.39}$$

2. 第二个阶段: 后向传播

后向传播指的是误差后向传播. BP 算法以最速梯度下降法为基础, 最小化下列判据, 即

$$E_q = \frac{1}{2}\left(\boldsymbol{d}_q - \boldsymbol{x}_{\mathrm{out}}^{(3)}\right)^{\mathrm{T}}\left(\boldsymbol{d}_q - \boldsymbol{x}_{\mathrm{out}}^{(3)}\right) \tag{1.40}$$

其中, $q$ 表示样例编号.

应用最速梯度下降法, 网络权值按下式更新, 即

$$\triangle w_{ji}^{(l)} = -\mu^{(l)}\frac{\partial E_q}{\partial w_{ji}^{(l)}} \tag{1.41}$$

其中, $l = 1, 2, 3$.

对输出层, 网络权值按下式更新, 即

$$\begin{aligned} \triangle w_{ji}^{(3)} &= -\mu^{(3)}\frac{\partial E_q}{\partial w_{ji}^{(3)}} \\ &= -\mu^{(3)}\frac{\partial E_q}{\partial v_j^{(3)}} \times \frac{\partial v_j^{(3)}}{\partial w_{ji}^{(3)}} \end{aligned} \tag{1.42}$$

其中

$$\begin{aligned} \frac{\partial E_q}{\partial v_j^{(3)}} &= \frac{\partial}{\partial v_j^{(3)}}\left[\frac{1}{2}\sum_{h=1}^{n_3}\left(d_{qh} - f(v_h^{(3)})\right)^2\right] \\ &= -\left(d_{qj} - f(v_j^{(3)})\right)g(v_j^{(3)}) \end{aligned} \tag{1.43}$$

$$\frac{\partial v_j^{(3)}}{\partial w_{ji}^{(3)}} = \frac{\partial}{\partial w_{ji}^{(3)}} \left( \sum_{h=1}^{n_2} w_{jh}^{(3)} x_{\text{out},h}^{(2)} \right) = x_{\text{out},h}^{(2)} \tag{1.44}$$

式 (1.43) 可以等价的写为

$$\frac{\partial E_q}{\partial v_j^{(3)}} = - \left( d_{qj} - x_{\text{out},j}^{(3)} \right) g(v_j^{(3)}) \triangleq -\delta_j^{(3)} \tag{1.45}$$

其中, $g(\cdot)$ 是 $f(\cdot)$ 的导数.

将式 (1.44) 和式 (1.45) 代入式 (1.42), 可得下式, 即

$$\triangle w_{ji}^{(3)} = -\mu^{(3)} \delta_j^{(3)} x_{\text{out},i}^{(2)} \tag{1.46}$$

或

$$w_{ji}^{(3)}(k+1) = w_{ji}^{(3)}(k) + \mu^{(3)} \delta_j^{(3)} x_{\text{out},i}^{(2)} \tag{1.47}$$

其中, $k$ 表示迭代的次数.

对隐含层, 类似有下式, 即

$$\begin{aligned}
\triangle w_{ji}^{(2)} &= -\mu^{(2)} \frac{\partial E_q}{\partial w_{ji}^{(2)}} \\
&= -\mu^{(2)} \frac{\partial E_q}{\partial v_j^{(2)}} \frac{\partial v_j^{(2)}}{\partial w_{ji}^{(2)}}
\end{aligned} \tag{1.48}$$

其中

$$\begin{aligned}
\frac{\partial E_q}{\partial v_j^{(2)}} &= \frac{\partial}{\partial x_{\text{out},j}^{(2)}} \left[ \frac{1}{2} \sum_{h=1}^{n_3} \left( d_{qh} - f \left( \sum_{p=1}^{n_2} w_{hp}^{(3)} x_{\text{out},p}^{(2)} \right) \right)^2 \right] \times \frac{\partial x_{\text{out},j}^{(2)}}{\partial v_j^{(2)}} \\
&= - \left[ \sum_{h=1}^{n_3} \left( d_{qh} - x_{\text{out},h}^{(3)} \right) g(v_h^{(3)}) w_{hj}^{(3)} \right] g(v_j^{(2)}) \\
&= - \left( \sum_{h=1}^{n_3} \delta_h^{(3)} w_{hj}^{(3)} \right) g(v_j^{(2)}) \\
&\triangleq -\delta_j^{(2)}
\end{aligned} \tag{1.49}$$

$$\frac{\partial v_j^{(2)}}{\partial w_{ji}^{(2)}} = \frac{\partial}{\partial w_{ji}^{(2)}} \left( \sum_{h=1}^{n_1} w_{jh}^{(2)} x_{\text{out},h}^{(1)} \right) = x_{\text{out},i}^{(1)} \tag{1.50}$$

将式 (1.49) 和式 (1.50) 代入式 (1.48), 可得下式, 即

$$\triangle w_{ji}^{(2)} = -\mu^{(2)} \delta_j^{(2)} x_{\text{out},i}^{(2)} \tag{1.51}$$

或

$$w_{ji}^{(2)}(k+1) = w_{ji}^{(2)}(k) + \mu^{(2)}\delta_j^{(2)}x_{\text{out},i}^{(2)} \tag{1.52}$$

对含有任意个隐含层的前馈神经网络, 可得类似的更新公式, 即

$$w_{ji}^{(l)}(k+1) = w_{ji}^{(l)}(k) + \mu^{(l)}\delta_j^{(l)}x_{\text{out},i}^{(l)} \tag{1.53}$$

对输出层 $L$, $\delta$ 按下式计算, 即

$$\delta_j^{(L)} = \left(d_{qh} - x_{\text{out},j}^{(L)}\right)g(v_j^{(L)}) \tag{1.54}$$

对隐含层 $l(1 \leqslant l \leqslant L-1)$, $\delta$ 按下式计算, 即

$$\delta_j^{(l)} = \left(\sum_{h=1}^{n_{l+1}}\delta_h^{(l+1)}w_{hj}^{(l+1)}\right)g(v_j^{(l)}) \tag{1.55}$$

BP 算法在算法 1.9 中给出.

---

**算法 1.9: BP算法**

1 **输入:** 训练集 $\mathrm{DT} = \{(\boldsymbol{x}, y)\}$, 网络结构参数 $n_0, n_1, \cdots, n_L$.
2 **输出:** 权向量 $\boldsymbol{W}^{(1)}, \boldsymbol{W}^{(2)}, \cdots, \boldsymbol{W}^{(L)}$.
3 **for** $(i=1; i \leqslant L; i=i+1)$ **do**
4   |   用小随机数初始化 $\boldsymbol{W}^{(i)}$;
5 **end**
6 // 下面for循环中的 $n$ 为样例数;
7 **for** $(i=1; i \leqslant n; i=i+1)$ **do**
8   |   利用式(1.39)计算网络的输出;
9   |   利用式(1.54)和式(1.55)计算局部误差;
10   |   利用式(1.53)更新网络权值;
11 **end**
12 **if** (达到预定义的精度要求) **then**
13   |   结束;
14 **else**
15   |   重复步骤3~10;
16 **end**
17 **return** $\boldsymbol{W}^{(1)}, \boldsymbol{W}^{(2)}, \cdots, \boldsymbol{W}^{(L)}$.

---

# 1.6　极限学习机

极限学习机 (extreme learning machine, ELM)[18-20] 是一种训练单隐含层前馈神经网络的随机化算法. 用 ELM 训练的单隐含层前馈神经网络具有特殊的结构, 如图 1.12 所示. 其特殊性主要体现在以下几点.

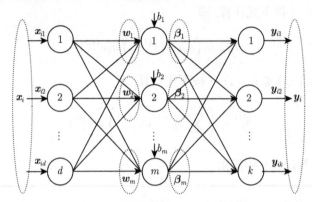

图 1.12　单隐含层前馈神经网络结构

① 输入层节点没有求和单元, 激活函数是线性函数 $y = x$, 输入层节点只接收外部的输入.

② 隐含层节点有求和单元, 激活函数是 Sigmoid 函数, 隐含层节点接收输入层节点的输出.

③ 输出层节点有求和单元, 激活函数是线性函数 $y = x$, 输出层节点接收隐含层的输出.

在 ELM 中, 输入层和隐含层之间的权值和隐含层节点的偏置用随机化方法初始化, 而隐含层和输出层之间的权值用分析的方法确定. 实际上, 在 ELM 中, 输入层到隐含层所起的作用是一个随机映射, 它把训练集中的样本点由原空间映射到一个特征空间. 特征空间的维数由隐含层节点的个数确定. 一般情况下, 特征空间的维数比原空间的维数高. 与 BP 算法相比, ELM 的优点是不需要迭代调整权参数, 具有非常快的学习速度和非常好的泛化能力.

给定训练集 $D = \{(\boldsymbol{x}_i, \boldsymbol{y}_i) | \boldsymbol{x}_i \in \mathbf{R}^d, \boldsymbol{y}_i \in \mathbf{R}^k, i = 1, 2, \cdots, n\}$. 其中, $\boldsymbol{x}_i$ 是 $d$ 维输入向量, $\boldsymbol{y}_i$ 是 $k$ 维目标向量. 具有 $m$ 个隐含层节点的单隐含层前馈神经网络可表示为

$$f(\boldsymbol{x}_i) = \sum_{j=1}^{m} \boldsymbol{\beta}_j g(\boldsymbol{w}_j \boldsymbol{x}_i + b_j) \tag{1.56}$$

其中, $\boldsymbol{w}_j = (w_{j1}, w_{j2}, \cdots, w_{jd})^{\mathrm{T}}$ 是输入层节点到隐含层第 $j$ 个节点的权向量; $b_j$ 是

隐含层第 $j$ 个节点的偏置, 在 ELM 中 $\boldsymbol{w}_j$ 和 $b_j$ 是随机生成的; $\boldsymbol{\beta}_j = (\beta_{j1}, \beta_{j2}, \cdots, \beta_{jk})^{\mathrm{T}}$ 是隐含层第 $j$ 个节点到输出层节点的权向量, $\boldsymbol{\beta}_j$ 可通过给定的训练集用最小二乘拟合来估计, $\boldsymbol{\beta}_j$ 应满足下式

$$f(\boldsymbol{x}_i) = \sum_{j=1}^{m} \boldsymbol{\beta}_j g(\boldsymbol{w}_j \boldsymbol{x}_i + b_j) = y_i \tag{1.57}$$

式 (1.57) 可写为如下紧凑的形式, 即

$$\boldsymbol{H}\boldsymbol{\beta} = \boldsymbol{Y} \tag{1.58}$$

其中

$$\boldsymbol{H} = \begin{bmatrix} g(\boldsymbol{w}_1 \boldsymbol{x}_1 + b_1) & \cdots & g(\boldsymbol{w}_m \boldsymbol{x}_1 + b_m) \\ \vdots & & \vdots \\ g(\boldsymbol{w}_1 \boldsymbol{x}_n + b_1) & \cdots & g(\boldsymbol{w}_m \boldsymbol{x}_n + b_m) \end{bmatrix} \tag{1.59}$$

$$\boldsymbol{\beta} = (\boldsymbol{\beta}_1^{\mathrm{T}}, \cdots, \boldsymbol{\beta}_m^{\mathrm{T}})^{\mathrm{T}} \tag{1.60}$$

$$\boldsymbol{Y} = (\boldsymbol{y}_1^{\mathrm{T}}, \cdots, \boldsymbol{y}_n^{\mathrm{T}})^{\mathrm{T}} \tag{1.61}$$

$\boldsymbol{H}$ 是单隐含层前馈神经网络的隐含层输出矩阵, 第 $j$ 列是隐含层第 $j$ 个节点相对于输入 $\boldsymbol{x}_1, \boldsymbol{x}_2, \cdots, \boldsymbol{x}_n$ 的输出, 第 $i$ 行是隐含层相对于输入 $\boldsymbol{x}_i$ 的输出. 如果单隐含层前馈神经网络的隐含层节点个数等于样例的个数, 那么矩阵 $\boldsymbol{H}$ 是可逆方阵. 此时, 用单隐含层前馈神经网络能零误差逼近训练样例. 一般情况下, 单隐含层前馈神经网络的隐含层节点个数远小于训练样例的个数. 此时, $\boldsymbol{H}$ 不是一个方阵, 线性系统 (1.58) 也没有精确解, 但可以通过求解下列优化问题的最小范数最小二乘解来代替 (1.58) 的精确解, 即

$$\min_{\boldsymbol{\beta}} \|\boldsymbol{H}\boldsymbol{\beta} - \boldsymbol{Y}\| \tag{1.62}$$

优化问题 (1.62) 的最小范数最小二乘解可通过下式求得, 即

$$\hat{\boldsymbol{\beta}} = \boldsymbol{H}^{\dagger} \boldsymbol{Y} \tag{1.63}$$

其中, $\boldsymbol{H}^{\dagger}$ 是矩阵 $\boldsymbol{H}$ 的 Moore-Penrose 广义逆矩阵.

在式 (1.62) 中, 引入权值正则化项, 可得下式, 即

$$\min_{\boldsymbol{\beta}} \|\boldsymbol{\beta}\| + \lambda \|\boldsymbol{H}\boldsymbol{\beta} - \boldsymbol{Y}\| \tag{1.64}$$

其中, $\lambda$ 是控制参数.

优化问题 (1.64) 的最小范数最小二乘解可由下式给出 [20], 即

$$\hat{\boldsymbol{\beta}} = \begin{cases} \boldsymbol{H}^{\mathrm{T}} \left( \dfrac{\boldsymbol{I}}{\lambda} + \boldsymbol{H}\boldsymbol{H}^{\mathrm{T}} \right)^{-1} \boldsymbol{Y}, & n \leqslant m \\[3mm] \left( \dfrac{\boldsymbol{I}}{\lambda} + \boldsymbol{H}^{\mathrm{T}}\boldsymbol{H} \right)^{-1} \boldsymbol{H}^{\mathrm{T}}\boldsymbol{Y}, & n > m \end{cases} \tag{1.65}$$

其中, $n$ 是训练集中包含的样例数; $m$ 是隐含层节点的个数.

因为一般情况下 $n \gg m$, 所以优化问题 (1.64) 的最小范数最小二乘解为

$$\hat{\boldsymbol{\beta}} = \left( \frac{\boldsymbol{I}}{\lambda} + \boldsymbol{H}^{\mathrm{T}}\boldsymbol{H} \right)^{-1} \boldsymbol{H}^{\mathrm{T}}\boldsymbol{Y} \tag{1.66}$$

ELM 算法在算法 1.10 中给出.

---

**算法 1.10:** ELM算法

---

1 **输入:** 训练集 $D = \{(\boldsymbol{x}_i, \boldsymbol{y}_i) | \boldsymbol{x}_i \in \mathbf{R}^d, \boldsymbol{y}_i \in \mathbf{R}^k, i = 1, 2, \cdots, n\}$, 激活函数 $g(\cdot)$, 隐含层节点个数 $m$, 控制参数 $\lambda$.

2 **输出:** 权矩阵 $\hat{\boldsymbol{\beta}}$.

3 **for** $(j = 1; j \leqslant m; j++)$ **do**

4 　　随机生成输入层权值 $\boldsymbol{w}_j$ 和隐含层结点的偏置 $b_j$;

5 **end**

6 **for** $(i = 1; i \leqslant n; i++)$ **do**

7 　　**for** $(j = 1; j \leqslant m; j++)$ **do**

8 　　　　计算隐含层输出矩阵 $\boldsymbol{H}$;

9 　　**end**

10 **end**

11 利用式(1.66)计算输出层权矩阵 $\hat{\boldsymbol{\beta}}$;

12 输出 $\hat{\boldsymbol{\beta}}$.

---

# 1.7　支持向量机

支持向量机 [21-23] 是解决分类问题, 特别是二类分类问题的有效方法. 本节针对二类分类问题, 介绍支持向量机的基础知识.

## 1.7.1　线性可分支持向量机

作为求解分类问题的算法, 支持向量机的输入是一个连续值属性决策表, 称为

训练集. 为描述方便, 本节将具有两个类别的连续值属性决策表形式化地表示为 $D = \{(x_i, y_i) | x_i \in \mathbf{R}^d, y_i \in \{+1, -1\}\}$, $1 \leqslant i \leqslant n$. 下面给出线性可分问题的定义.

**定义 1.7.1** 给定训练集 $D = \{(x_i, y_i) | x_i \in \mathbf{R}^d, y_i \in \{+1, -1\}\}$, $1 \leqslant i \leqslant n$. 若 存在 $w \in \mathbf{R}^d$, $b \in \mathbf{R}$ 和正实数 $\varepsilon$, 使对所有 $y_i = +1$ 的 $x_i$, 有 $wx_i + b > \varepsilon$, 而对所 有使 $y_i = -1$ 的 $x_i$, 有 $wx_i + b < \varepsilon$, 则称训练集 $D$ 线性可分. 同时, 称相应的二类 分类问题是线性可分的.

图 1.13 所示为二维二类线性可分问题的几何意义示意图. 图中 + 代表正类样 例, – 代表负类样例. 可以看出, 对于二维二类线性可分问题, 存在许多条直线可将 两类样例分开, 如图 1.14 所示. 哪条直线是最好的呢? 又如何求解呢?

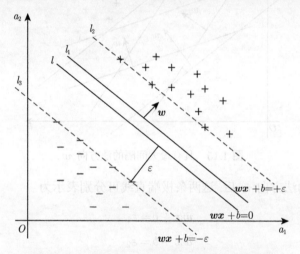

图 1.13 二类线性可分问题的几何意义示意图

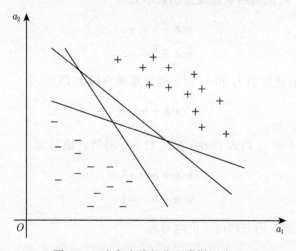

图 1.14 多条直线能将两类样例分开

假设分类直线的法方向 $w$ 已经确定, 直线 $l_1$ 就是一条能正确分类两类点的直线, 但不唯一. $l_2$ 和 $l_3$ 是两条极端直线. 这两条极端直线之间的距离 $\rho = 2\varepsilon$ 称为与法方向 $w$ 对应的间隔. 我们应该选取使间隔达到最大的法方向 $w$, 如图 1.15 所示. 处于两条极端直线正中间的那条直线 $l$ 是最好的, 称为最优分类直线, 在高维空间中称为最优分类超平面, 如图 1.13 所示.

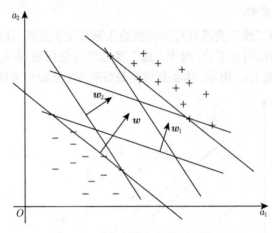

图 1.15　具有最大间隔的法方向 $w$

给定适当的法方向 $\hat{w}$ 后, 这两条极端直线可分别表示为

$$\hat{w}x + \hat{b} = \varepsilon_1 \tag{1.67}$$

$$\hat{w}x + \hat{b} = \varepsilon_2 \tag{1.68}$$

调整截距 $\hat{b}$, 可把这两条直线分别表示为

$$\hat{w}x + \hat{b} = +\varepsilon \tag{1.69}$$

$$\hat{w}x + \hat{b} = -\varepsilon \tag{1.70}$$

显然, 我们应选取的 $l_2$ 和 $l_3$ 正中间的那条直线 $l$, 即

$$\hat{w}x + \hat{b} = 0 \tag{1.71}$$

令 $w = \dfrac{\hat{w}}{\varepsilon}$, $b = \dfrac{\hat{b}}{\varepsilon}$, 则式 (1.69) 和式 (1.70) 可等价地写为

$$wx + b = +1 \tag{1.72}$$

$$wx + b = -1 \tag{1.73}$$

最优分类直线 $l$ 的方程可等价地写为

$$wx + b = 0 \tag{1.74}$$

设 $x$ 和 $x_1$ 分别是分类直线 $l$ 和 $l_2$ 上的点, 如图 1.16 所示, 则有

$$wx + b = 0 \qquad (1.75)$$

$$wx_1 + b = 1 \qquad (1.76)$$

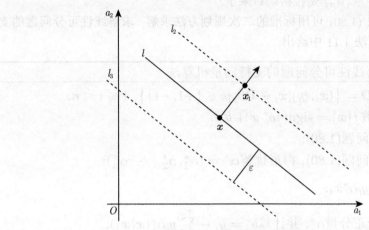

图 1.16　计算间隔的示意图

式 (1.76) 减去式 (1.75) 可得 $w(x_1 - x) = 1$, 即 $\| w \| \times \| x_1 - x \| \cos 0 = 1$, 由此可得下式, 即

$$\varepsilon = \| x_1 - x \| = \frac{1}{\| w \|} \qquad (1.77)$$

因此, 可得两条极端直线之间的距离为 $\rho = \dfrac{2}{\| w \|}$.

由极大化间隔的思想, 可得如下最优化问题, 即

$$\max_{w,b} \quad \frac{2}{\| w \|}$$
$$\text{s.t.} \begin{cases} wx_i + b \geqslant +1, & y_i = +1 \\ wx_i + b \leqslant -1, & y_i = -1 \end{cases} \qquad (1.78)$$

或等价地写为

$$\min_{w,b} \quad \frac{\| w \|}{2}$$
$$\text{s.t.} \quad y_i(wx_i + b) \geqslant 1, \quad i = 1, 2, \cdots, n \qquad (1.79)$$

根据最优化理论 [24-26], 约束优化问题 (1.79) 的对偶问题为

$$\min_{\alpha} \quad \frac{1}{2} \sum_{i=1}^{n} \sum_{j=1}^{n} y_i y_j \alpha_i \alpha_j (x_i x_j) - \sum_{j=1}^{n} \alpha_j$$

$$\text{s.t.} \quad \sum_{i=1}^{n} y_i \alpha_i = 0 \tag{1.80}$$

$$\alpha_i \geqslant 0, \quad i = 1, 2, \cdots, n$$

其中, $\boldsymbol{\alpha} = (\alpha_1, \alpha_2, \cdots, \alpha_n)$ 是拉格朗日乘子.

对偶优化问题 (1.80) 可用标准的二次规划方法求解. 求解线性可分问题的支持向量机算法在算法 1.11 中给出.

---

**算法 1.11:** 求解线性可分问题的支持向量机算法

**1 输入:** 训练集 $D = \left\{ (\boldsymbol{x}_i, y_i) \mid \boldsymbol{x}_i \in \mathbf{R}^d, y_i \in \{+1, -1\} \right\}, 1 \leqslant i \leqslant n$.

**2 输出:** 决策函数 $f(\boldsymbol{x}) = \text{sign}(\boldsymbol{w}^* \boldsymbol{x} + b^*)$.

**3** 构造约束优化问题(1.80);

**4** 求解约束优化问题(1.80), 得最优解 $\boldsymbol{\alpha}^* = (\alpha_1^*, \alpha_2^*, \cdots, \alpha_n^*)$;

**5** 计算 $\boldsymbol{w}^* = \sum_{i=1}^{n} y_i \alpha_i^* \boldsymbol{x}_i$;

**6** 选择 $\boldsymbol{\alpha}^*$ 的一个正分量 $\alpha_j^*$, 并计算 $b^* = y_j - \sum_{i=1}^{n} y_i \alpha_i^* (\boldsymbol{x}_i \boldsymbol{x}_j)$;

**7** 构造最优分类超平面 $\boldsymbol{w}^* \boldsymbol{x} + b^* = 0$;

**8** 输出决策函数 $f(\boldsymbol{x}) = \text{sign}(\boldsymbol{w}^* \boldsymbol{x} + b^*)$.

---

**说明:** 支持向量是指训练集中的某些样本点 $\boldsymbol{x}_i$. 事实上, 约束优化问题 (1.80) 的解 $\boldsymbol{\alpha}^*$ 的每一个分量 $\alpha_i^*$ 都与一个样本点相对应. 支持向量机算法所构造的分类超平面, 仅依赖那些对应 $\alpha_i^*$ 不为零的样本点 $\boldsymbol{x}_i$, 而与其他的样本点无关. 这些样本点 $\boldsymbol{x}_i$ 称为支持向量. 显然, 只有支持向量对最终求得的分类超平面的法方向 $\boldsymbol{w}$ 有影响, 而与非支持向量无关.

### 1.7.2 近似线性可分支持向量机

对于近似线性可分问题, 任何分类超平面都必有错分的情况, 此时不能再要求所有训练点满足约束条件 $y_i(\boldsymbol{w}_i \boldsymbol{x}_i + b) \geqslant 1, 1 \leqslant i \leqslant n$. 为此, 引入松弛变量 $\xi_i$, 把约束条件放松为 $y_i(\boldsymbol{w}_i \boldsymbol{x}_i + b) + \xi_i \geqslant 1, 1 \leqslant i \leqslant n$. 显然, $\boldsymbol{\xi} = (\xi_1, \xi_2, \cdots, \xi_n)$ 体现训练集中的样本点被错误分类的情况, 可以由 $\boldsymbol{\xi}$ 构造出训练集被错误分类的程度. 例如, 可用 $\sum_{i=1}^{n} \xi_i$ 描述训练集被错误分类的程度. 此时, 仍要求间隔尽量大, 这样约束优化问题 (1.79) 就变为

$$\min_{\boldsymbol{w}, b, \boldsymbol{\xi}} \quad \frac{\|\boldsymbol{w}\|}{2} + C \sum_{i=1}^{n} \xi_i \tag{1.81}$$

$$\text{s.t.} \quad y_i(\boldsymbol{w} \boldsymbol{x}_i + b) + \xi_i \geqslant 1, \quad i = 1, 2, \cdots, n$$

其中, $C > 0$ 是可选的惩罚参数.

类似地, 约束优化问题 (1.81) 的对偶问题为

$$\min_{\boldsymbol{\alpha}} \quad \frac{1}{2} \sum_{i=1}^{n} \sum_{j=1}^{n} y_i y_j \alpha_i \alpha_j (\boldsymbol{x}_i \boldsymbol{x}_j) - \sum_{j=1}^{n} \alpha_j$$

$$\text{s.t.} \quad \sum_{i=1}^{n} y_i \alpha_i = 0, \quad 0 \leqslant \alpha_i \leqslant C, i = 1, 2, \cdots, n \tag{1.82}$$

求解近似线性可分问题的支持向量机算法在算法 1.12 中给出.

---

**算法 1.12:** 求解近似线性可分问题的支持向量机算法

---

**1** **输入:** 训练集 $D = \left\{ (\boldsymbol{x}_i, y_i) \mid \boldsymbol{x}_i \in \mathbf{R}^d, y_i \in \{+1, -1\} \right\}, 1 \leqslant i \leqslant n$, 参数 $C$.

**2** **输出:** 决策函数 $f(\boldsymbol{x}) = \text{sign}(\boldsymbol{w}^* \boldsymbol{x} + b^*)$.

**3** 选取适当的参数 $C$, 构造约束优化问题 (1.82);

**4** 求解约束优化问题 (1.82), 得最优解 $\boldsymbol{\alpha}^* = (\alpha_1^*, \alpha_2^*, \cdots, \alpha_n^*)$;

**5** 计算 $\boldsymbol{w}^* = \sum_{i=1}^{n} y_i \alpha_i^* \boldsymbol{x}_i$;

**6** 选择 $\boldsymbol{\alpha}^*$ 的一个正分量 $\alpha_j^*$, 并计算 $b^* = y_j - \sum_{i=1}^{n} y_i \alpha_i^* (\boldsymbol{x}_i \boldsymbol{x}_j)$;

**7** 构造最优分类超平面 $\boldsymbol{w}^* \boldsymbol{x} + b^* = 0$;

**8** 输出决策函数 $f(\boldsymbol{x}) = \text{sign}(\boldsymbol{w}^* \boldsymbol{x} + b^*)$.

---

### 1.7.3 线性不可分支持向量机

对于线性不可分问题, 支持向量机的处理思路是: 首先将训练集中的样本点通过核方法 [27] 映射到高维特征空间. 在高维特征空间中, 样本点变得稀疏, 使原本线性不可分的问题变为可分问题或近似线性可分. 然后, 在高维特征空间构造约束优化问题, 并求解该优化问题.

设样本点 $\boldsymbol{x}$ 经非线性映射 $\varphi(\cdot)$ 变换后为 $z = \varphi(\boldsymbol{x})$, 则在高维特征空间中, 约束优化问题 (1.82) 变为

$$\min_{\boldsymbol{\alpha}} \quad \frac{1}{2} \sum_{i=1}^{n} \sum_{j=1}^{n} y_i y_j \alpha_i \alpha_j (\varphi(\boldsymbol{x}_i) \varphi(\boldsymbol{x}_j)) - \sum_{j=1}^{n} \alpha_j$$

$$\text{s.t.} \quad \sum_{i=1}^{n} y_i \alpha_i = 0, \quad 0 \leqslant \alpha_i \leqslant C, i = 1, 2, \cdots, n \tag{1.83}$$

进行变换后, 无论变换的具体形式如何, 变换对支持向量机的影响是把两个样本点在原空间中的内积 $\boldsymbol{x}_i \cdot \boldsymbol{x}_j$ 变成在高维特征空间中的内积 $\varphi(\boldsymbol{x}_i) \cdot \varphi(\boldsymbol{x}_j)$, 记为

$K(\boldsymbol{x}_i, \boldsymbol{x}_j) = \varphi(\boldsymbol{x}_i) \cdot \varphi(\boldsymbol{x}_j)$, 即核函数. 这样在高维特征空间中, 优化问题 (1.83) 变为

$$\min_{\boldsymbol{\alpha}} \quad \frac{1}{2}\sum_{i=1}^{n}\sum_{j=1}^{n} y_i y_j \alpha_i \alpha_j K(\boldsymbol{x}_i, \boldsymbol{x}_j) - \sum_{j=1}^{n} \alpha_j$$

$$\text{s.t.} \quad \sum_{i=1}^{n} y_i \alpha_i = 0, \quad 0 \leqslant \alpha_i \leqslant C, i = 1, 2, \cdots, n \tag{1.84}$$

类似地, 可以得到求解线性不可分问题的支持向量机算法, 如算法 1.13 所示.

---

**算法 1.13:** 求解线性不可分问题的支持向量机算法

---

**1 输入:** 训练集$D = \{(\boldsymbol{x}_i, y_i) | \boldsymbol{x}_i \in \mathbf{R}^d, y_i \in \{+1, -1\}\}$, $1 \leqslant i \leqslant n$, 参数$C$.

**2 输出:** 决策函数$f(\boldsymbol{x}) = \text{sign}(\boldsymbol{w}^* \boldsymbol{x} + b^*)$.

**3** 选取适当的核函数$K(\cdot, \cdot)$, 将训练集$D$映射到高维特征空间;

**4** 选取适当的参数$C$, 在高维特征空间中构造约束优化问题(1.84);

**5** 求解约束优化问题(1.84), 得到最优解$\boldsymbol{\alpha}^* = (\alpha_1^*, \alpha_2^*, \cdots, \alpha_n^*)$;

**6** 计算$\boldsymbol{w}^* = \sum_{i=1}^{n} y_i \alpha_i^* \boldsymbol{x}_i$;

**7** 选择$\boldsymbol{\alpha}^*$的一个正分量$\alpha_j^*$, 并计算$b^* = y_j - \sum_{i=1}^{n} y_i \alpha_i^* (\boldsymbol{x}_i \cdot \boldsymbol{x}_j)$;

**8** 构造最优分类超平面 $\boldsymbol{w}^* \boldsymbol{x} + b^* = 0$;

**9** 输出决策函数$f(\boldsymbol{x}) = \text{sign}(\boldsymbol{w}^* \boldsymbol{x} + b^*)$.

---

**说明:**

① 从计算的角度, 不论 $\varphi(\boldsymbol{x})$ 产生的变换空间维数有多高, 支持向量机的求解都可以在原空间通过核函数 $K(\boldsymbol{x}_i, \boldsymbol{x}_j)$ 进行. 这样就避免了高维空间的计算问题, 而且计算核函数的复杂度和计算内积的复杂度没有实质性的增加.

② 只要知道核函数 $K(\boldsymbol{x}_i, \boldsymbol{x}_j)$, 就没有必要知道 $\varphi(\boldsymbol{x})$ 的具体形式. 换句话说, 用支持向量机求解线性不可分问题, 可通过直接设计核函数 $K(\boldsymbol{x}_i, \boldsymbol{x}_j)$, 而不用设计变换函数 $\varphi(\boldsymbol{x})$. 这需要满足一定的条件, 下面的 Mercer 定理[21-23] 给出了这一条件.

**定理 1.7.1** (Mercer 条件)   对于任意的对称函数 $K(\boldsymbol{x}, \boldsymbol{y})$, 它是某个特征空间中的内积运算的充分必要条件是, 对于任意的 $\varphi \neq 0$ 且 $\int \varphi^2(x) dx < 0$, 有

$$\iint K(\boldsymbol{x}, \boldsymbol{y}) \varphi(\boldsymbol{x}) \varphi(\boldsymbol{y}) \mathrm{d}\boldsymbol{x} \mathrm{d}\boldsymbol{y} > 0 \tag{1.85}$$

进一步可以证明 [28], 这个条件还可以放松为满足如下条件的正定核, 即 $K(\boldsymbol{x}, \boldsymbol{y})$ 是定义在空间 $U$ 上的对称函数, 且对任意的样本点 $\boldsymbol{x}_1, \boldsymbol{x}_2, \cdots, \boldsymbol{x}_n \in U$ 和任意的实系数 $\alpha_1, \alpha_2, \cdots, \alpha_n$, 都有

$$\sum_{i=1}^{n} \sum_{j=1}^{n} \alpha_i \alpha_j K(\boldsymbol{x}_i, \boldsymbol{x}_j) \geqslant 0 \tag{1.86}$$

对于满足正定条件的正定核, 一定存在一个从空间 $U$ 到内积空间 $H$ 的变换 $\varphi(\boldsymbol{x})$, 使

$$K(\boldsymbol{x}, \boldsymbol{y}) = \varphi(\boldsymbol{x}) \cdot \varphi(\boldsymbol{y}) \tag{1.87}$$

这样构成的空间在泛函分析中称为再生希尔伯特空间.

常用的核函数有以下 3 种 [28].

① 多项式核函数

$$K(\boldsymbol{x}, \boldsymbol{y}) = (\boldsymbol{x}\boldsymbol{y} + 1)^q \tag{1.88}$$

② 径向基核函数

$$K(\boldsymbol{x}, \boldsymbol{y}) = \exp\left(-\frac{\parallel \boldsymbol{x} - \boldsymbol{y} \parallel^2}{\sigma^2}\right)^q \tag{1.89}$$

③ Sigmoid 核函数

$$K(\boldsymbol{x}, \boldsymbol{y}) = \tanh\left(v(\boldsymbol{x} \cdot \boldsymbol{y}) + c\right) \tag{1.90}$$

**说明:**

① 支持向量机通过选择不同的核函数可以实现不同形式的非线性分类器, 即不同形式的非线性支持向量机. 核函数为线性内积时就是线性支持向量机. 若选择径向基核函数, 支持向量机能够实现一个径向基函数神经网络的功能. 若采用 Sigmoid 核函数, 支持向量机能够实现一个三层前馈神经网络的功能. 隐含层节点的个数就是支持向量的个数.

② 选择核函数及其中参数的基本做法是首先尝试简单的选择, 如线性核. 当结果不能满足要求时, 再考虑非线性核. 如果选择径向基核函数, 则首先应该选择宽度比较大的核, 宽度越大越接近线性, 然后尝试减小宽度, 增加非线性程度.

## 1.8  主动学习

在有监督学习中, 一般认为已标注类别的数据越多, 标注越精准, 基于这些数据训练得到的分类器泛化能力也越强. 然而, 在许多实际任务中, 容易获得大量无

类别标签的数据, 请领域专家标注这些数据需要付出巨大的代价. 特别是, 在大数据时代, 这种情况更加突出. 例如, 在图像大数据分类任务中, 绝大部分用户上传的图像缺乏准确的语义标签. 主动学习 [29,30] 是解决这一问题的有效学习方式. 它以迭代方式从无类别标签的数据中选择重要的样例, 然后交给专家标注. 主动学习的目标是用尽可能少的样例, 训练一个高泛化性能的分类器.

　　主动学习可以用 $AL = (C, L, U, O)$ 表示, 其中 $C$ 表示分类器; $L$ 表示有类别标签的样例集合, 设样例分为 $k$ 类, 分别用 $\omega_1, \omega_2, \cdots, \omega_k$ 表示; $U$ 表示无类别标签的样例集合; $O$ 表示领域专家. 主动学习是一个迭代学习的过程, 如图 1.17 所示. 开始时, $L$ 包含少量有类别标签的样例. 首先, 用某种训练算法从 $L$ 中训练一个分类器 $C$, 并用某种预定义的度量指标评估 $U$ 中样例的重要性, 选择若干个重要的样例交给领域专家 $O$ 进行标注. 然后, 将标注的样例添加到 $L$ 中. 重复这一过程, 直到训练出的分类器 $C$ 的泛化性能达到指定的要求.

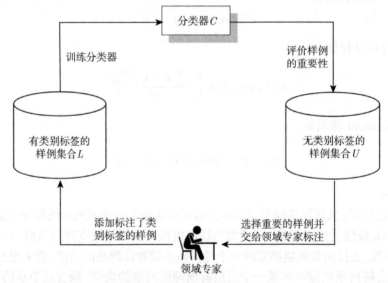

图 1.17　主动学习的过程

在主动学习中, 不确定性是常用的样例选择准则, 包括以下三种.

**1. 最小置信度准则**

用概率学习模型计算或估计样例的后验概率, 并按最小置信度准则 [29,30] 选择样例, 即

$$\boldsymbol{x}^* = \underset{\boldsymbol{x}}{\arg\max}\left\{1 - P_\theta(\hat{y}|\boldsymbol{x})\right\} \tag{1.91}$$

其中, $\theta$ 是某种概率学习模型; $\hat{y} = \underset{y}{\arg\max}\{P_\theta(y|\boldsymbol{x})\}$, 即 $\hat{y}$ 是用概率学习模型 $\theta$ 得

到的具有最大后验概率的类标.

### 2. 最大熵准则

用信息熵度量样例的不确定性, 并按最大熵准则 [29,30] 选择样例, 即

$$\boldsymbol{x}^* = \underset{\boldsymbol{x}}{\operatorname{argmax}} \left\{ -\sum_{i=1}^{k} P(\omega_i|\boldsymbol{x})\log_2 P(\omega_i|\boldsymbol{x}) \right\} \tag{1.92}$$

### 3. 投票熵准则

用投票熵 [29,30] 度量样例的不确定性. 以投票熵作为不确定性度量, 并按投票熵准则选择样例, 即

$$\boldsymbol{x}^* = \underset{\boldsymbol{x}}{\operatorname{argmax}} \left\{ -\sum_{i=1}^{k} \frac{V(\omega_i)}{|C|}\log_2 \frac{V(\omega_i)}{|C|} \right\} \tag{1.93}$$

其中, $C$ 表示由若干个分类器构成的委员会, $|C|$ 表示委员会中的委员数; $V(\omega_i)$ 表示第 $i$ 类 $\omega_i$ 得到的投票数.

基于投票熵的主动学习也称为基于委员会的主动学习, 其过程如图 1.18 所示.

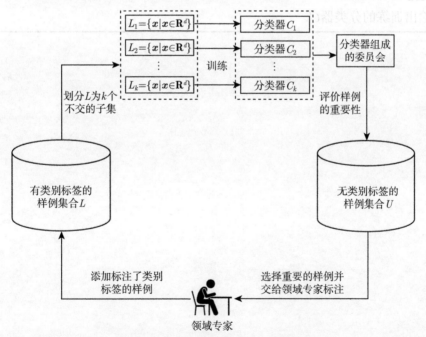

图 1.18  基于委员会的主动学习的过程

基于不确定性的主动学习算法在算法 1.14 中给出.

---

**算法 1.14:** 基于不确定性的主动学习算法

1  **输入:** 有类别标签的样例集合$L = \{(\boldsymbol{x}_i, y_i)|x_i \in \mathbf{R}^d, y_i \in Y, 1 \leqslant i \leqslant l\}$; 无
   类别标签的样例集合$U = \{\boldsymbol{x}_i|\boldsymbol{x}_i \in \mathbf{R}^d, l + 1 \leqslant i \leqslant l + n\}$; 每次迭代选择
   标注的样例数$q$.

2  **输出:** 满足泛化性能要求的分类器$C$.

3  用初始训练集$L$训练一个分类器$C$;

4  **while** (当不满足停止条件时) **do**

5  　　**for** $(\forall \boldsymbol{x} \in U)$ **do**

6  　　　　用选择的不确定性准则, 计算其不确定性;

7  　　**end**

8  　　对$U$中的样例按不确定性由大到小排序;

9  　　取前$q$个样例交给领域专家标注它们的类别;

10  　　将标注类别的$q$个样例添加到$L$中;

11  　　用新的训练集$L$训练新的分类器$C$;

12  **end**

13  输出训练的分类器$C$.

---

# 第 2 章 大数据与大数据处理系统

## 2.1 大数据及其特征

随着网络技术、数据存储技术和物联网技术的快速发展, 以及移动通信设备的普及, 数据正以前所未有的速度增长. 人类已经进入了大数据时代, 但目前还没有大数据的标准定义. 狭义地讲, 大数据就是海量数据, 指大小超过一定量级的数据 [31]. 美国麦肯锡公司给出一个狭义的大数据定义 [32]: 大数据是指大小超出常规软件获取、存储、管理和分析能力的数据. 狭义的定义只考虑大数据的量级, 没有考虑大数据的其他特征. 广义地讲, 大数据不只是量大的数据, 还有其他的特征. 目前, 被广泛接受的是用 5 个特征定义的大数据 [33-35], 即大数据是指具有海量 (volume)、多样 (variety)、时效 (velocity)、不精确 (veracity) 和价值 (value)5 种特征的数据, 简称大数据的 5V 特征.

在这 5 个特征中, 价值特征处于核心位置, 如图 2.1 所示. 大数据之所以受到极大关注, 就是因为其蕴含着巨大的价值. 下面详细阐述大数据的 5V 特征的含义.

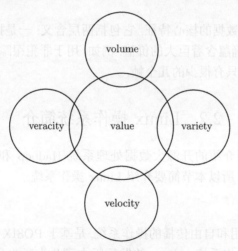

图 2.1 大数据的 5V 特征

(1) 海量性特征

数据量大即所谓的海量. 数据的量级已从 TB(1TB = $2^{10}$GB) 级别转向 PB (1PB = $2^{10}$TB) 级, 正在向 ZB(1ZB = $2^{10}$PB) 级转变. 从机器学习的角度讲, 量大有两种表现形式, 一是数据集中样例的个数超多, 二是样例的属性或特征的维数超高.

(2) 多样性特征

数据类型、表现形式和数据源多种多样. 数据类型可能是结构化数据 (如表结构的数据), 也可能是无结构化数据 (如文本数据), 还可能是半结构化数据 (如 Web网页数据). 数据的表现形式呈现出多种模态, 如音频、视频、日志等. 数据源可能是同构的, 也可能是异构的.

(3) 时效性特征

数据需要及时处理, 否则数据就会失去其应用价值. 随着网络技术、数据存储技术和物联网技术的快速发展, 以及移动通信设备的普及, 数据呈爆炸式快速增长, 新数据不断涌现, 快速增长的数据要求数据处理的速度也要快, 这样才能使大量的数据得到有效的利用. 在实践中, 很多大数据都需要在一定时间内及时处理, 如电子商务大数据.

(4) 不精确性特征

数据的质量、可靠性、不确定性、不完全性会引起不确定性. 这一特征有时也从其对立面考虑, 称为数据的真实性. 数据的重要性体现在其应用价值. 数据的规模并不能决定其是否有应用价值. 数据的真实性是保证能挖掘到具有应用价值或潜在应用价值的规律或规则的重要因素.

(5) 价值性特征

价值性特征是大数据的核心特征, 它包括两层含义: 一是指大数据的价值密度低, 二是指大数据的确蕴含着巨大的价值. 例如, 用于罪犯跟踪的视频大数据, 可能对罪犯跟踪有价值的只有很少的几个帧.

## 2.2　Linux 操作系统简介

因为后续章节要介绍的开源大数据处理系统 Hadoop 和 Spark 都是架构在 Linux 操作系统上的, 所以本节简要介绍 Linux 操作系统.

### 2.2.1　Linux 版本

Linux 是免费使用和自由传播的操作系统, 是基于 POSIX 和 UNIX 的多用户、多任务和多线程的操作系统. Linux 的发行版本可分为商业公司维护的发行版本和社区组织维护的发行版本 [36-38]. 前者的代表是 Redhat, 后者的代表是 Debian. Ubuntu 是基于 Debian 开发的, 其目标是为用户提供良好的用户体验和技术支持. Ubuntu 发展非常迅猛, 其应用范围包括云计算、服务器、个人桌面和移动终端. 本节介绍的 Linux 以 Ubuntu 为例, 版本是 14.04 LTS. Ubuntu 的图形用户界面如

图 2.2 所示. Shell 命令接口界面如图 2.3 所示. Shell 是用户与 Linux 内核进行操作的接口, 接收用户输入的命令, 并把命令送入 Linux 内核去执行. 用户采用快捷键 Ctrl+Alt+T 进入 Shell 命令提示符状态, 采用快捷键 Ctrl+d 退出 Shell.

图 2.2　Ubuntu 的图形用户界面

在图 2.3 中, cmpgpu 代表当前登录终端的用户, cmpgpu-All-Series 代表主机名,　代表当前用户的主目录, $ 代表普通用户的终端, root 用户的终端用符号 # 表示.

图 2.3　Ubuntu 的 Shell 命令接口界面

### 2.2.2   Linux 的文件与目录

在 Linux 中, 一切皆为文件. 与 Windows 类似, 文件系统负责 Linux 文件的管理与组织. Linux 文件系统也采用目录树结构组织和管理文件. 在 Windows 系统中, 每个分区有一个树形结构, 但是在 Linux 系统中, 只有一个树形结构, 所有的存储空间和设备共享一个根目录, 用符号 "/" 表示. Linux 提供了一个 tree 命令, 用来查看这种树形结构. Linux 的中英文输入法用 Shift 键切换.

1. Linux 文件类型

(1) 普通文件

普通文件是用户直接或通过应用程序间接创建的文件存储用户的数据. 普通文件又分为文本文件、二进制文件和其他特定数据格式的文件, 如图像文件、音频文件、视频文件、数据库文件等.

(2) 目录文件

在 Linux 系统中, 目录也被看作一种文件. 与普通文件不同, 目录文件主要用来组织和管理其他的目录, 目录文件用字符 "d" 标识.

(3) 字符设备文件

这类文件代表的是硬件设备, 而且数据以字符流形式发送的设备, 读取数据需要按先后顺序读取, 如键盘、鼠标和打印机等. 字符设备文件用字符 "c" 标识.

(4) 块设备文件

与字符设备不同, 块设备文件的读取以数据块 (Block) 为单位, 而且可以从任意位置读取任意长度的数据. 这类设备包括磁盘、U 盘、SD 卡等. 块设备文件用字符 "b" 标识.

除此之外, 在 Linux 系统中, 还有管道文件、套接字文件、链接文件, 不再一一赘述. 有兴趣的读者可参考文献 [36]. 用户可用带 -l 选项的 ls 命令查看文件类型及访问权限, 如图 2.4 所示.

```
drwxrwxr-x    2    cmpgpu    cmpgpu    4096    5月 31 2015     AllUser
drwxr-xr-x    2    cmpgpu    cmpgpu    4096    5月 31 2015     Desktop
drwxr-xr-x    2    cmpgpu    cmpgpu    4096    5月 31 2015     Documents
drwxr-xr-x    2    cmpgpu    cmpgpu    4096    5月 31 2015     Downloads
-rw-r--r--    1    cmpgpu    cmpgpu    8980    4月 02 15:29    examples.desktop
drwxr-xr-x    2    cmpgpu    cmpgpu    4096    5月 31 2015     Music
drwxr-xr-x   11    cmpgpu    cmpgpu    4096    6月 02 2015     NVIDIA_CUDA-7.0_Samples
drwxr-xr-x    2    cmpgpu    cmpgpu    4096    5月 31 2015     Pictures
drwxr-xr-x    2    cmpgpu    cmpgpu    4096    5月 31 2015     Public
drwxr-xr-x    2    cmpgpu    cmpgpu    4096    5月 31 2015     Templates
drwxr-xr-x    2    cmpgpu    cmpgpu    4096    5月 31 2015     Videos
```

图 2.4   Ubuntu 中的文件类型及访问权限

图 2.4 显示的内容包含 7 列, 第 1 列是由 10 个字符构成的字符串, 第一个字符表示文件类型, "d" 代表目录文件, 连字符 "-" 表示文件类型为普通文件. 后面 9 个字符分别表示 3 个权限组的访问权限.

2. **文件权限及相关命令**

在 Linux 系统中, 每个文件都有访问权限. 权限决定了谁可以访问和如何访问特定的文件. 文件权限有读、写和执行, 分别用 r、w 和 x 表示. 如果没有访问权限, 那么就用连字符 "-" 表示. 文件权限分为三个组, 分别是文件所有者、文件所属组和其他用户, 用 u、g 和 o 表示. 下面介绍常用的文件权限命令.

(1) 显示文件权限命令 ls

显示文件权限命令 ls 的格式为

    ls [命令选项] [目录名]

常用的命令选项包括以下几种

    -a, 显示所有文件, 包含隐藏文件.

    -A, 同 -a, 但不列出 "." (表示当前目录) 和 ".." (表示当前目录的父目录).

    -l, 显示为长格式, 列出文件的类型、权限、链接数、所有者、所属组、大小、时间、名字.

    -d, 将目录像文件一样显示, 但不显示其下的文件.

图 2.4 中第一列的 10 位字符串后面 9 位分别表示 3 个组的权限, 符号 "-" 表示没有访问权限.

(2) 修改文件权限命令 chmod

修改文件权限命令 chmod 的格式为

    chmod [命令选项] 模式 文件名

命令选项常用的是 -R, 表示对当前目录下的所有文件和子目录进行相同的权限修改. 模式一般用字符串表示, 格式为 [ugo] [+−] [rwx]. 其中, u、g 和 o 分别表示所有者、所属组和其他用户; + 表示增加权限, − 表示取消权限; r、w 和 x 分别表示读、写和执行权限.

例如, 命令 chmod g+w dir, 表示为所属组增加对 dir 的写权限.

(3) 更改文件所有权命令 chown

一般地, 文件的所有者就是文件的创建者. 文件的所有者拥有文件的所有访问权限. 更改文件所有权命令 chown 的格式为

    chown [命令选项][所有者][:[组]] 文件

与 chmod 命令一样, 最常用的命令选项是 -R, 用来实现递归更改.

例如, 命令 sudo chown root dir, 表示将目录 dir 的所有者更改为 root 用户, 但不更改所属组. 在命令中, sudo 表示以 root 用户的身份执行此命令.

3. 文件操作及相关命令

文件操作包括创建、显示、删除等操作.

(1) 创建文件

在 Linux 系统中, 创建文件的方法有很多种: 我们以 Linux 系统自带的 vi 编辑器为例, 介绍文件的创建. 在 Ubuntu 中, vi 编辑器称为 vim, 它是 vi 的改进版本, 有两种使用模式, 即命令模式和编辑模式. 打开 vim, 默认模式是命令模式, 界面如图 2.5 所示. 在命令模式下, 按下 A、a、O、o、I 和 i 任何一个键, 就切换到编辑模式, 用户可以对文件内容进行编辑. 编辑完成后, 按 Esc 键返回命令模式. 执行命令:wq 加文件名, 按回车键保存文件并退出编辑器. vi 的各种操作都是通过各种命令实现的, 这一点和 Windows 的文本编辑器差别较大. vi 的常用命令如表 2.1 所示.

(2) 显示文件

显示文件包括显示文件列表和显示文件内容.

① 显示文件列表用 ls 命令, 通过不同的命令选项, 用 ls 命令可以以多种方式显示文件列表. 例如, 使用不带任何选项的 ls 命令, 可显示当前目录下的非隐藏文件和目录; 使用带 -l 选项的 ls 命令, 可显示文件和子目录的详细信息; 使用带选项 -a 的 ls 命令, 可显示隐藏文件; 使用带选项 -R 的 ls 命令, 可以递归显示目录内容. ls 命令是 Linux 系统使用非常频繁的命令, 选项有 50 多个. 关于 ls 目录的细节, 感兴趣的读者可参考文献 [36].

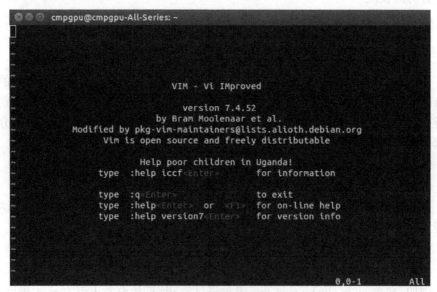

图 2.5　vi 编辑器界面

**表 2.1　vi 的常用命令**

| 命令 | 功能 |
|---|---|
| a | 在当前字符后添加文本 |
| A | 在行末添加文本 |
| i | 在当前字符前插入文本 |
| I | 在行首插入文本 |
| o | 在当前行后面插入一个空行 |
| O | 在当前行前面插入一个空行 |
| :wq | 在命令模式下, 执行存盘退出操作 |
| :w | 在命令模式下, 执行存盘操作 |
| :w! | 在命令模式下, 执行强制存盘操作 |
| :q | 在命令模式下, 执行退出 vi 操作 |
| :q! | 在命令模式下, 执行强制退出 vi 操作 |
| :e | 在命令模式下, 打开并编辑指定文件名称的文件 |
| : 行号 | 光标跳转到指定行的行首 |
| :$ | 光标跳转到最后一行的行首 |
| Esc | 从编辑模式切换到命令模式 |
| x 或 X | 删除一个字符, x 删除光标后的, X 删除光标前的 |
| D | 删除从当前光标所在位置到行尾的所有字符 |
| dd | 删除光标所在行 |
| ndd | 删除当前行及以后的 $n-1$ 行 |
| Ctrl+u | 向文件首翻半屏 |
| Ctrl+d | 向文件尾翻半屏 |
| Ctrl+b | 向文件首翻一屏 |
| Ctrl+f | 向文件尾翻一屏 |

② 显示文件内容有关的 Linux 命令包括 cat、more、less、head 和 tail.

cat 命令的基本功能是拼接文本文件内容, 并输出到屏幕上. 使用 cat 命令的格式为

　　　cat [命令选项] 文件名

常用的命令选项如下.

-n, 显示内容添加行号.

-b, 同 -n.

-s, 压缩空白行.

当文件内容太多时, 一屏显示不下, 可用 more 命令分屏显示.

more 命令的格式为

　　　more [命令选项] 文件名

常用的命令选项如下.

- 数字, 指定每屏要显示的行数.

-c, 表示不滚动屏幕.

-s, 压缩空白行.

less 命令可实现前后翻页分屏显示. less 命令的语法和 more 命令非常相似, 执行结果界面如图 2.6 所示. 用户可以通过 PgUp 和 PgDn 按键进行前后翻页. 按下 q 键, 退出 less 命令.

图 2.6　less 命令执行结果界面

head 命令用于查看文件开头内容. 其格式为

　　　head [命令选项] 文件名

其中, 常用的选项是 -n, 表示要显示的行数.

tail 命令与 head 命令相反, 用于显示文件末尾内容, 语法和 head 相同.

**4. 文件压缩与解压**

Linux 系统常用的文件压缩命令有 zip、gzip、bzip2 等. 这里简要介绍前两个命令.

(1) zip 命令

zip 命令的格式为

　　　zip [命令选项] 压缩文件名称 原文件名

常用的命令选项如下.

-d, 从压缩文件中删除指定文件.

-m, 将文件压缩并加入压缩文件后, 删除原文件.

-r, 递归处理.

(2) gzip 命令

gzip 命令不仅可以压缩大文件, 还可以和 tar 命令一起, 构造比较流行的压缩文件格式. 该命令的格式为

　　　　gzip [命令选项] 要压缩的文件名列表

常用的命令选项如下.

-d, 解压缩文件.

-l, 列出压缩文件中每个文件的信息, 包括压缩比、文件名及压缩前后文件的大小.

-r, 递归处理.

其他常用的文件操作命令, 如复制、移动、删除等, 因为比较简单, 所以不再赘述, 具体细节可参考文献 [36].

5. 目录

Linux 采用树形分层结构组织管理目录, 在根目录/下, 存在许多目录, 最常用的两个目录是/home 目录和/usr 目录. /home 目录下包含各个用户目录. 每当创建一个普通用户时, 系统都会在/home 目录下为该用户创建主目录. /usr 目录下包含各种软件的安装目录, 一般用户安装的软件都建议安装在/usr/local 目录下, 以方便管理和维护. 其他常见的目录还包括以下几个.

/bin, 这个目录下存放经常使用的命令.

/boot, 这个目录下存放的是启动 Linux 时使用的一些核心文件.

/etc, 这个目录下存放的是系统管理需要的配置文件和子目录.

/tmp, 这个目录下存放的是一些临时文件.

/var, 这个目录下主要存放各种日志文件.

在 Linux 系统中, 目录也是文件, 所以目录的权限即目录文件的权限. 如果一个用户对某个目录没有访问权限, 那么他将无法访问该目录及这个目录下的文件, 可以根据需要对用户进行目录操作的授权. 下面介绍常用的 Linux 目录命令.

(1) 显示当前工作目录命令 pwd

该命令使用比较简单, 直接在命令行提示符后输入该命令即可. 图 2.7 所示是用户的主目录树.

(2) 改变目录命令 cd

cd 命令可以切换到不同的目录. 其命令格式为

　　　　cd 目录名

例如, 切换到根目录的命令为 cd /; 切换到/home/hadoop 的命令为 cd /home/hadoop; 切换到上一级目录的命令为 cd ..;

切换到用户主目录的命令是 cd ～, 符号 "～" 代表用户的主目录.

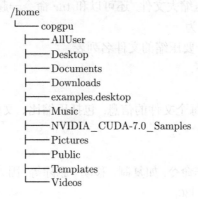

```
/home
└── copgpu
    ├── AllUser
    ├── Desktop
    ├── Documents
    ├── Downloads
    ├── examples.desktop
    ├── Music
    ├── NVIDIA_CUDA-7.0_Samples
    ├── Pictures
    ├── Public
    ├── Templates
    └── Videos
```

图 2.7　用户的主目录树

(3) 创建目录命令 mkdir

mkdir 命令用来创建一个目录, 命令格式为

　　mkdir [选项] 目录名

命令选项如下.

-m=, 访问权限, 为创建的目录指定访问权限.

-p, 若父目录不存在, 将会创建父目录.

-v, 为每个目录显示提示信息.

例如, 命令 mkdir -m=rw c, 创建目录 c, 并为其授读和写的权限.

(4) 删除目录 rm

rm 命令删除指定的目录. 其命令格式为

　　rm [选项] 目录名

命令选项如下.

-d, 删除可能仍有数据的目录, 只有超级用户可以执行此命令.

-f, 不显示任何信息, 强制删除.

-i, 进行删除操作前, 必须先确认.

-r, 删除该目录下的所有子目录.

### 2.2.3　Linux 用户与用户组

Linux 系统的每一个功能模块都与用户和权限密不可分. 掌握 Linux 系统的用户和权限管理, 可以提高系统的安全性, 具有重要的意义.

1. 用户和用户组基础

在 Linux 系统中, 每一个用户都有一个账号, 包括用户名、密码、主目录、默认 Shell 等. 实际上, 用户代表一组权限. 需要注意的是, 尽管用户通过账号和密码登录 Linux 系统, 但系统并不认识用户的账号. 它通过用户的唯一标识号识别用户, 用户的标识号是一个正整数. Linux 系统规定, 1~499 的正整数用于标识系统用户, 500~60000 的正整数用于标识普通用户. 用户的账号信息保存在/etc/passwd 文件中, 这是一个非常重要的文件. 它存储了当前系统的用户账号信息. 从访问权限上讲, 该文件的所有者是 root 用户, 所属组为 root 组.

root 是 Linux 系统中唯一的超级用户, 具有系统中的所有权限. 在实际使用中, 一般情况下不推荐使用 root 用户登录系统进行日常的操作.

2. 用户管理

用户管理包括用户的添加、删除和修改, 可以通过 Linux 命令完成相应的管理.

(1) 添加用户

Linux 提供 useradd 和 adduser 两个添加用户的命令.

① useradd 命令的格式如下.

　　　　useradd [命令选项] 登录名

常用的选项如下.

-d, 指定用户的主目录.

-m, 如果用户主目录不存在, 则自动创建.

-r, 创建一个系统用户.

-s, 指定默认的 Shell 程序, 需要使用绝对路径指定.

② adduser 命令的格式如下.

　　　　adduser [命令选项] 用户名

常用的选项如下.

--group, 创建一个用户组.

--home, 指定用户的主目录, 如果用户主目录不存在, 则创建该目录.

--system, 创建一个系统用户.

--shell, 指定用户默认的 Shell 程序.

(2) 修改用户命令 usermod

usermod 命令用来修改用户账号信息, 格式为

　　　　usermod [命令选项] 登录名

常用的选项如下.

-a, 将用户添加到指定的组, 需要和选项 -G 一起使用.

-d, 指定用户主目录.

-e, 指定用户失效日期.

-s, 修改用户默认的 shell.

-l, 修改用户的登录名.

-L, 锁定用户账号密码认证.

-U, 解除用户密码认证锁定.

-g, 修改用户的主组.

-G, 指定用户的附加组.

(3) 删除用户命令 userdel

userdel 删除一个用户, 格式为

　　　userdel [命令选项] 登录名

常用的选项如下.

-f, 强制删除指定的用户, 即便该用户处于登录状态.

-r, 用户主目录中的文件将随用户主目录和用户邮箱一起删除.

(4) 修改用户密码命令 passwd

为了安全起见, Linux 的所有用户都应该定期修改密码. passwd 命令用于设置用户的认证, 包括用户密码、密码过期时间等.

passwd 命令的格式为

　　　passwd [命令选项] 登录名

常用的选项如下.

-a, 显示所有用户的状态, 需要和 -S 选项一起使用.

-S, 显示账户状态信息.

-d, 删除用户密码.

-e, 设置用户密码立即过期.

-i, 设置用户密码过期之后指定的天数禁用该账户.

(5) 受限特权命令 sudo

在普通用户需要执行特权命令时, 需要在命令前加上 sudo. sudo 命令的格式为

　　　sudo [命令选项] 命令

常用的选项如下.

-b, 在后台执行指定的命令.

-g, 以指定的组作为主组执行指定的命令.

-l, 列出指定用户可以执行的命令.

-U, 需要与 -l 选项一起使用, 列出指定用户可以执行的命令.

-u, 以指定用户的身份执行命令.

### 3. 用户组管理

为便于管理, Linux 系统中引入了用户组的概念, 对不同类型的用户进行分组管理. 用户组是一组权限和功能类似的用户的集合. 与用户一样, 在 Linux 系统中, 用户组也是用一个标识号 (正整数) 标识. Linux 系统预定义了一些与系统功能有关的用户组, 如 root、daemon、bin、sys 等. 用户组的信息保存在/etc/group 文件中. 下面简单介绍 Linux 用户组的添加、删除和修改命令.

(1) 添加用户组命令 groupadd

groupadd 命令的格式为

    groupadd [命令选项] 组名

常用的选项如下.

-g, 指定新的用户组的组标识号.

-r, 创建系统用户组.

(2) 修改用户组命令 groupmod

groupmod 命令的格式为

    groupmod [命令选项] 组名

常用的选项如下.

-g, 修改组标识号.

-n, 修改后的新组名.

(3) 删除用户组命令 groupdel

groupdel 命令的格式为

    groupdel 组名

### 2.2.4 Linux 系统软件包管理

在 Linux 系统中, 所有的软件都是以软件包的形式提供的. 软件包通过软件仓储组织. 软件仓储是一组网站, 提供按照一定组织形式存储的软件包和索引文件. 一般情况下, 软件包之间可能存在某些依赖关系, 主要是对底层库文件的依赖. 软件包主要包括二进制软件包和源代码软件包. 前者是最常使用的软件包形式, 一般以压缩文件的形式提供给用户, 里面包含可执行文件、配置文件、文档资料等. 不同的 Linux 发行版本, 有不同的软件包管理工具. APT 是 Ubuntu 系统中常用的一个软件包管理工具. 下面介绍 APT 的三个常用命令, 即 apt-cache、apt-get 和 apt.

### 1. apt-cache 命令

该命令的功能是在软件仓储中搜索软件. 该命令的格式为

    apt-cache [子命令]

常用的子命令如下.

search, 搜索某个软件包.

showpkg, 查看软件包的信息.

depends, 显示软件包的依赖关系.

### 2. apt-get 命令

该命令可实现软件的下载、安装、更新等. 该命令的格式为

　　　apt-get [命令选项] [子命令]

常用选项如下.

--no-download, 禁止下载软件包.

--download-only, 仅下载软件包, 不解压不安装.

--purge, 清除软件包, 与 remove 子命令配合使用, 功能等同于 purge 子命令.

--reinstall, 重新安装已经安装过的软件包.

--no-remove, 禁止删除软件包.

--no-upgrade, 禁止升级软件包.

常用子命令如下.

install, 安装一个或多个软件包.

update, 同步软件包中的软件包索引.

upgrade, 升级软件包.

remove, 删除一个或多个软件包.

autoremove, 删除一个或多个软件包, 并自动处理依赖关系.

purge, 彻底清除某个软件包, 包括配置文件.

check, 检查 APT 缓冲区, 确定依赖包是否存在.

clean, 清除 APT 本地缓存.

### 3. apt 命令

apt 命令的基本语法与 apt-get 命令基本相同. 下面介绍几个 apt-get 没有的子命令.

full-upgrade, 升级软件包, 同时会安装或删除其他软件包, 以解决依赖关系.

search, 搜索软件包.

show, 显示软件包信息.

list, 根据指定的条件列出软件包.

### 2.2.5　Linux 操作系统的安装

本节以 Linux 操作系统发行版本 Ubuntu 为例, 介绍 Linux 操作系统的安装. Ubuntu 的引导和安装有两种常见的方式.

① 将下载的 Ubuntu 操作系统镜像文件刻录到光盘, 通过光驱引导安装.

② 将下载的 Ubuntu 操作系统镜像文件写入 U 盘, 通过工具软件制作引导 U 盘, 用 U 盘引导安装.

因为开源大数据处理平台 Hadoop 和 Spark 主要运行在 Linux 操作系统上, 而大多数用户使用的是 Windows 操作系统. 为了解决这一问题, 可以在 Windows 系统中首先创建虚拟机, 然后在虚拟机中安装 Ubuntu 操作系统. 常用的虚拟机软件有 VirtualBox、VMware、Veeam 等. 下面介绍如何用 VirtualBox 创建虚拟机, 然后介绍如何在虚拟机中安装 Ubuntu.

VirtualBox 是一款由甲骨文 (Oracle) 公司开发的免费虚拟机软件. 安装 VirtualBox 非常简单, 采用默认设置安装即可, 这里不再给出安装过程. 安装 VirtualBox 后, 一般需要进行存储文件夹和默认语言的设置.

**1. VirtualBox 存储文件夹设置**

用 VirtualBox 创建虚拟主机时, 会自动创建一个文件, 用于存储该虚拟主机的所有数据, 默认保存在安装目录下的一个文件夹里. 因为虚拟主机文件占用的存储空间比较大, 所以建议在不同的磁盘上设置不同的存储文件夹, 如图 2.8 所示.

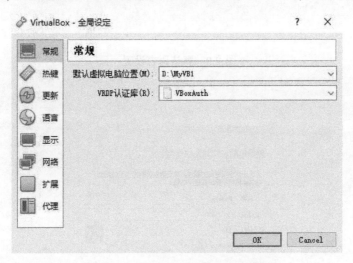

图 2.8　VirtualBox 存储文件夹设置

**2. 默认语言设置**

如果默认的语言不是简体中文, 可进入 VirtualBox 主界面的管理菜单项, 然后选择全局设定, 并进入语言选项的设置, 进行默认语言设置即可, 如图 2.9 所示.

**3. 创建虚拟机**

用 VirtualBox 创建虚拟机的过程如下.

第 1 步, 打开 VirtualBox, 单击"新建"按钮, 在弹出的"新建虚拟电脑"对话框中, 输入虚拟机名称, 选择虚拟机文件夹、操作系统类型及版本, 如图 2.10 所示.

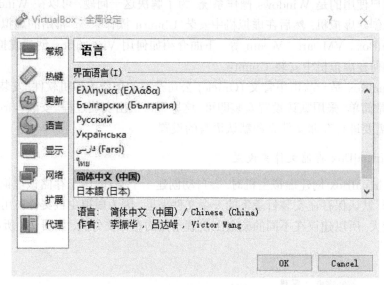

图 2.9　默认语言设置

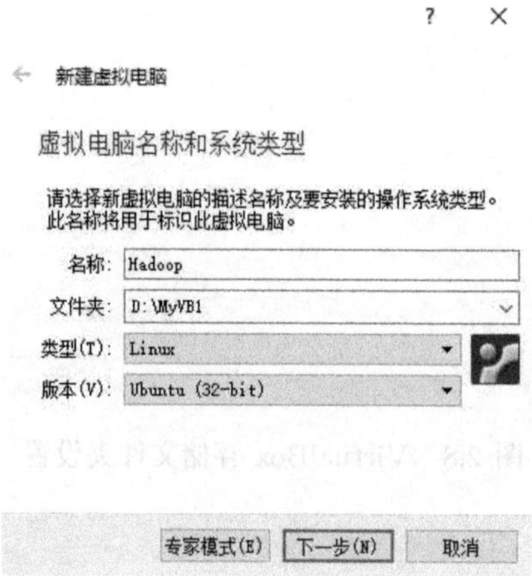

图 2.10　指定虚拟机名称, 选择虚拟机文件夹、操作系统类型及版本

第 2 步, 设置虚拟机内存大小, 一般建议设置为 4096MB, 如图 2.11 所示.

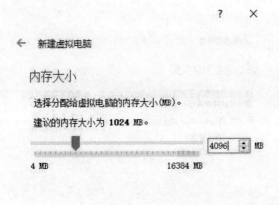

图 2.11 设置虚拟机内存大小

第 3 步, 创建虚拟机硬盘, 这一步选择默认设置即可, 如图 2.12 所示.

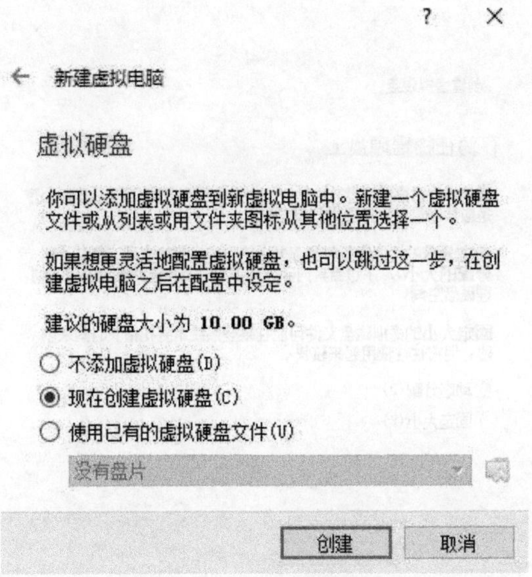

← 新建虚拟电脑

虚拟硬盘

你可以添加虚拟硬盘到新虚拟电脑中。新建一个虚拟硬盘文件或从列表或用文件夹图标从其他位置选择一个。

如果想更灵活地配置虚拟硬盘, 也可以跳过这一步, 在创建虚拟电脑之后在配置中设定。

建议的硬盘大小为 **10.00 GB**。

○ 不添加虚拟硬盘(D)

◉ 现在创建虚拟硬盘(C)

○ 使用已有的虚拟硬盘文件(U)

没有盘片

创建    取消

图 2.12 创建虚拟机硬盘

第 4 步, 选择虚拟硬盘文件类型, 选择默认设置 VDI 即可, 如图 2.13 所示.

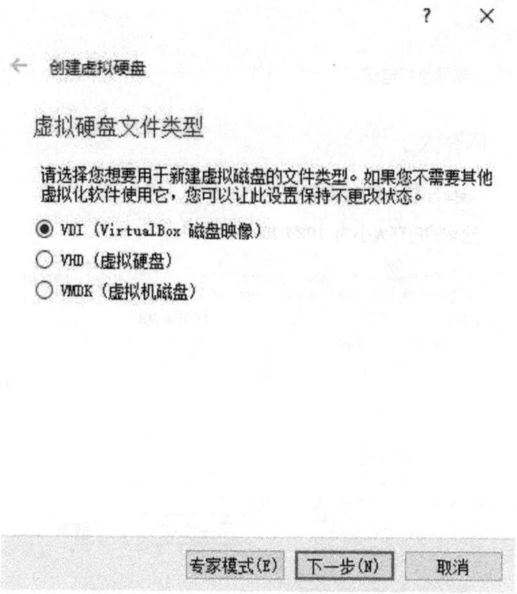

? ✕

← 创建虚拟硬盘

虚拟硬盘文件类型

请选择您想要用于新建虚拟磁盘的文件类型。如果您不需要其他
虚拟化软件使用它，您可以让此设置保持不更改状态。

⦿ VDI (VirtualBox 磁盘映像)
◯ VHD (虚拟硬盘)
◯ VMDK (虚拟机磁盘)

专家模式(E)　下一步(N)　取消

图 2.13　选择虚拟硬盘文件类型

第 5 步, 设置虚拟硬盘的分配方式, 一般选择动态分配方式, 如图 2.14 所示.

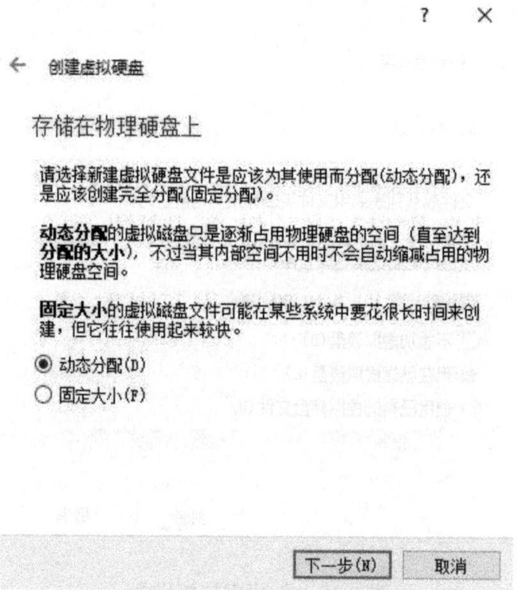

? ✕

← 创建虚拟硬盘

存储在物理硬盘上

请选择新建虚拟硬盘文件是应该为其使用而分配(动态分配), 还
是应该创建完全分配(固定分配)。

**动态分配**的虚拟磁盘只是逐渐占用物理硬盘的空间（直至达到
**分配的大小**），不过当其内部空间不用时不会自动缩减占用的物
理硬盘空间。

**固定大小**的虚拟磁盘文件可能在某些系统中要花很长时间来创
建, 但它往往使用起来较快。

⦿ 动态分配(D)
◯ 固定大小(F)

下一步(N)　取消

图 2.14　设置虚拟硬盘的分配方式

第 6 步, 设置虚拟硬盘的文件位置和大小, 如图 2.15 所示.

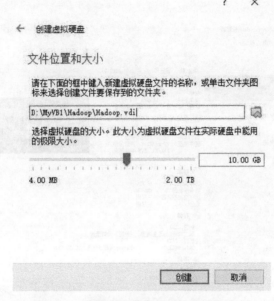

图 2.15　设置虚拟硬盘的文件位置和大小

第 7 步, 单击"创建"按钮, 完成虚拟机的创建.

**说明:**

① 在 64 位系统中, 用 VirtualBox 6.0 建立虚拟机时会出现这样的问题, 即 Linux 操作系统只有 32 位的系统选项, 没有 64 位系统选项, 选其他的操作系统也一样. 那么如何来解决这一问题呢? 实际上, 通过修改系统的 BOIS 设置即可解决这一问题, 具体步骤如下.

第 1 步, 进入 BIOS 系统.

第 2 步, 切换到 Application Menus 菜单, 并进入 Setup 子菜单.

第 3 步, 切换到 Security 菜单, 并进入 Virtualization 子菜单, 将 Intel ® Virtualization Technology 的选项由 Disabled 修改为 Enabled, 保存并退出 BIOS, 重启系统即可.

② 进行大数据实验时, 需要一个由若干台计算机构成的集群环境, 而一般用户只有一台计算机. 这时可以在一台计算机上建立若干个虚拟机, 然后将它们架构成一个虚拟的集群环境.

**4. 在虚拟机上安装 Ubuntu**

在虚拟机上安装 Ubuntu, 需要给该虚拟机指定光盘文件, 即告诉该虚拟机 Ubuntu 安装文件所在的位置, 设置步骤如下.

第 1 步, 启动 VirtualBox, 选择虚拟机, 选择名称为 Hadoop 的虚拟机, 如

图 2.16 所示.

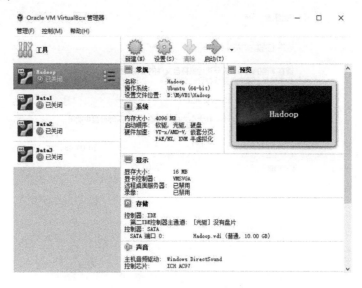

图 2.16　选择虚拟机

第 2 步, 单击 "设置" 按钮, 并切换到 "存储" 选项, 然后单击光盘图标, 并在右侧的属性栏中, 选择 Ubuntu 安装文件. 最后, 单击 "OK" 按钮即可, 如图 2.17 所示. 设置成功后的界面如图 2.18 所示.

图 2.17　选择 Ubuntu 安装文件

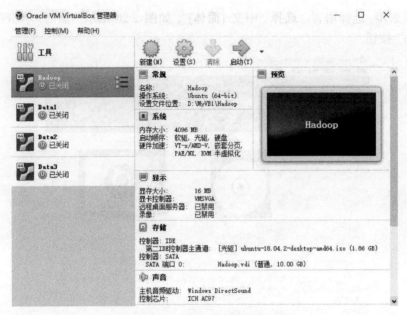

图 2.18   设置成功后的界面

在虚拟机安装 Ubuntu 的过程包括如下步骤.

第 1 步, 启动虚拟机. 启动欲安装 Ubuntu 的虚拟机 Hadoop, 如图 2.19 所示.

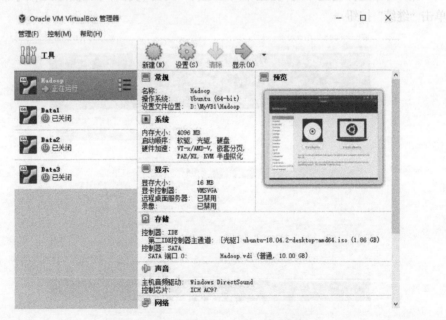

图 2.19   启动欲安装 Ubuntu 的虚拟机

第 2 步, 选择语言. 选择 "中文 (简体)", 如图 2.20 所示. 然后, 单击 "安装 Ubuntu" 按钮.

图 2.20　选择语言

第 3 步, 选择键盘布局. 键盘布局应选择 "英语 (美国)", 如图 2.21 所示. 然后, 单击 "继续" 按钮.

图 2.21　选择键盘布局

第 4 步, 安装更新和其他软件. 选择 "正常安装", 勾选 "安装 Ubuntu 时下载更新" 和 "为图形或无线硬件, 以及其他媒体格式安装第三方软件", 如图 2.22 所示. 然后, 单击 "继续" 按钮.

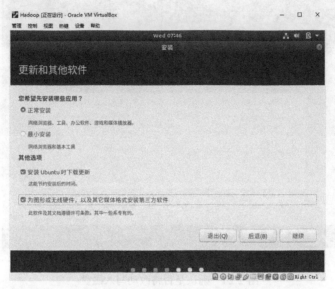

图 2.22  安装更新和其他软件

第 5 步, 选择安装类型. 选择 "清除整个磁盘并安装 Ubuntu", 如图 2.23 所示. 然后, 单击 "现在安装" 按钮.

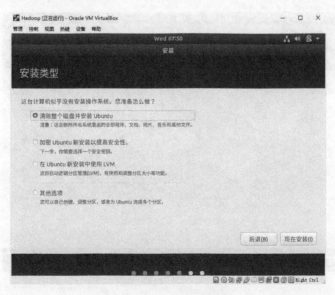

图 2.23  选择安装类型

第 6 步, 确认是否将改动写入磁盘, 如图 2.24 所示. 然后, 单击 "继续" 按钮.

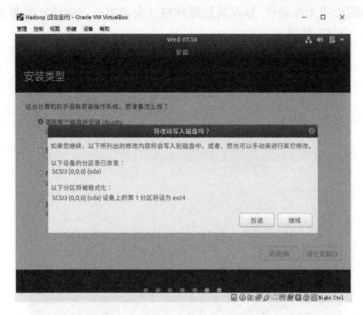

图 2.24   确认是否将改动写入磁盘

第 7 步, 选择机器所在位置, 如图 2.25 所示. 然后, 单击 "继续" 按钮.

图 2.25   选择机器所在位置

第 8 步, 设置姓名、计算机名、用户名等, 如图 2.26 所示. 然后, 单击 "继续" 按钮.

图 2.26    设置姓名、计算机名、用户名等

第 9 步, 开始安装, 界面如图 2.27 所示.

图 2.27    开始安装界面

第 10 步, 安装完成, 提示重启系统, 界面如图 2.28 所示.

图 2.28　安装完成界面

重启系统, 准备就绪界面如图 2.29 所示.

图 2.29　准备就绪界面

在一台电脑上创建多台 Ubuntu 虚拟机, 如果一台一台地安装, 那么非常费时, 也非常繁琐. 下一节介绍大数据处理环境的架构时, 我们介绍如何使用 VirtualBox 将一台安装配置好的虚拟机复制或克隆到另一台虚拟机.

## 2.3 大数据处理系统 Hadoop

在这一节, 概要介绍大数据处理系统 Hadoop[①], 包括什么是 Hadoop、Hadoop 的特性、Hadoop 的体系结构、Hadoop 的运行机制、Hadoop 1.0 和 Hadoop 2.0 的区别、Hadoop 的安装及大数据处理环境的架构, 为读者了解 Hadoop 提供一个概括性的知识架构. 更详细的内容, 读者可参考文献 [39]~[43].

### 2.3.1 什么是 Hadoop

从软件项目的角度来看, Hadoop 是 Apache 软件基金会负责管理的一个大型顶级开源软件项目. 该项目源于 2002 年的 Apache Nutch 项目 "一个开源的网络搜索引擎". 该项目由 Apache Lucene 项目的创始人 Doug 领导开发. 该项目的设计目标是构建一个单项的全网络搜索引擎, 包括网页抓取、索引、查询等功能. 在项目开发的过程中, 遇到了严重的可扩展性问题, 即海量数据 (如数十亿的网页数据) 存储和索引问题 [43,44]. 2003 年和 2004 年谷歌的科研人员先后发表了两篇论文 [45,46], 为该问题的解决提供了可行的方案. 2003 年发表的论文是关于谷歌文件系统 (google file system, GFS) 的. 该论文给出谷歌搜索引擎网页数据的存储架构, 可以解决 Nutch 项目的可扩展性问题. 但是, 谷歌未开源 GFS 的代码, 项目组根据谷歌的论文完成了一个开源实现, 即 Nutch 的分布式文件系统 (Nutch distributed file system, NDFS). 2004 年发表的论文是关于分布式计算框架的. 该论文给出谷歌分布式计算框架 MapReduce 的分布式编程思想, 可以有效解决海量网页的索引问题. MapReduce 也成为 Hadoop 的核心组件之一. 同样, 谷歌也未开源 MapReduce 的代码. 项目组完成了 MapReduce 的一个开源实现. 由于 NDFS 和 MapReduce 不仅适应于海量数据的搜索问题, 也适用于其他大数据处理问题, 因此 Nutch 项目组开发人员于 2006 年 1 月将 NDFS 和 MapReduce 从 Nutch 项目中剥离出来, 成为 Lucene 的一个子项目, 即 Hadoop 项目. 2006 年 1 月, Doug 加入雅虎公司, 公司为其成立了一个团队, 继续发展 Hadoop 项目. 2006 年 2 月, Apache Hadoop 项目正式启动, 以支持 Hadoop 分布式文件系统 (Hadoop distributed file system, HDFS) 和 MapReduce 独立发展. 2008 年 1 月, Hadoop 成为 Apache 的顶级项目, 迎来了该项目的快速发展. Hadoop 逐渐被雅虎之外的其他公司使用. 但真正引起人们广泛关注的是 2008 年 4 月, Hadoop 打破大数据排序世界纪录, 成为最快排序 1TB

---

① https://hadoop.apache.org/

数据的系统, 它采用一个由 910 个节点构成的集群进行运算, 排序时间只用了 209 秒. 2009 年 5 月, Hadoop 更是把 1TB 数据排序时间缩短到 62 秒. Hadoop 从此名声大振, 迅速发展成大数据时代最具影响力的开源分布式开发平台, 并成为事实上的大数据处理标准. 现在 Hadoop 已经成为事实上的大数据处理标准, 几乎所有主流厂商都围绕 Hadoop 提供开发工具、开源软件、商业化工具和技术服务, 如谷歌、雅虎、微软、思科、淘宝等都支持 Hadoop.

　　从软件系统的角度来看, Hadoop 是 Apache 软件基金会负责管理维护的一个开源的分布式大数据处理软件, 用于高可靠、可扩展的分布式计算. Hadoop 软件库为用户提供了一种简单有效的大数据计算框架, 使用简单的编程模型可跨集群对大数据进行分布式处理. Hadoop 是用 Java 语言开发的. Java 是 Hadoop 默认的编程语言. Hadoop 具有很好的跨平台特性, 可以部署到廉价的计算机集群上. Hadoop 也支持其他编程语言, 如 C、C++ 和 Python. 大数据的基本问题是大数据存储管理和大数据处理. Hadoop 对这两个基本问题都提供了良好的解决方案, 用 HDFS 对大数据进行组织、存储和管理; 用 MapReduce 实现用户对大数据的不同处理逻辑. HDFS 和 MapReduce 是 Hadoop 的基本组件. 此外, Hadoop 还包括其他的一些组件, 如图 2.30 所示. 下面分别作简要介绍.

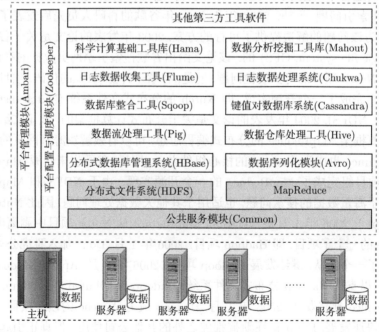

图 2.30　Hadoop 系统的构成组件

　　Common 是为其他 Hadoop 组件或模块提供支持的公共实用程序, 由一系列组件和接口构成, 用于分布式文件系统及通用输入输出.

Avro 是 Hadoop 的数据序列化组件, 为用户提供丰富的数据结构, 提供紧凑、快速的二进制数据格式和存储持久数据的容器文件, 支持远程过程调用和动态语言的集成.

HBase 是 Hadoop 的数据库组件, 是一个可伸缩的分布式数据库, 支持大表的结构化数据存储.

Pig 是一个大规模数据分析平台. 它提供一种类似结构化查询语言 (structured query language, SQL) 的程序设计语言. 该语言能把类 SQL 的数据分析请求转换为一系列经过优化处理的 MapReduce 运算, 为复杂的海量数据并行计算提供一个简单的操作和编程接口.

Hive 是 Hadoop 的一个数据仓库组件, 使用 SQL 能够方便读、写和管理分布式存储系统中的大型数据集.

Cassandra 是 Hadoop 的一个混合型非关系键值对数据库组件, 类似于 Google 的大表. Cassandra 不是一个数据库, 而是由若干数据库节点构成的一个分布式网络服务. Cassandra 具有高伸缩性和高可用性 (high availability, HA), 其线性可伸缩性和在商用硬件或云基础设施上经过验证的容错能力使其成为关键任务数据的完美平台. 它对跨多个数据中心复制的支持是同类中最好的, 可以为用户提供更低的延迟.

Sqoop 是 Hadoop 的一个数据库整合工具, 能够从关系型数据库、企业数据仓库和 NoSQL 数据库中导入/导出数据. 使用 Sqoop 可将数据从外部系统加载到 HDFS, 存储到 Hive 或 HBase 表格中.

Flume 是 Hadoop 的一个日志数据采集工具, 是一种高可靠性的分布式服务, 可高效收集、聚合和移动大量日志数据. Flume 具有基于流数据的简单灵活的体系结构, 具有鲁棒性和高容错性.

Chukwa 是 Hadoop 的一个用于监视大型分布式系统的开源数据收集系统, 构建在 HDFS 和 Map/Reduce 框架之上, 继承了 Hadoop 的可伸缩性和鲁棒性. 它还包括一个灵活而强大的工具包, 用于显示、监视和分析结果, 以最大限度地利用收集到的数据.

Mahout 是一个可伸缩的机器学习和数据挖掘函数库, 可以实现常用的机器学习和数据挖掘算法.

Hama 是 Hadoop 的一个科学计算基础工具组件, 是基于批量同步并行 (bulk synchronous parallel, BSP) 技术的并行计算框架, 用于大量的科学计算, 如矩阵计算、图计算和网络计算等.

Ambari 是 Hadoop 的一个平台管理组件, 是一种基于 Web 的工具, 用于配置、管理和监视 Hadoop 集群, 包括对 HDFS、MapReduce、Hive、HCatalog、HBase、

ZooKeeper、Oozie、Pig 和 Sqoop 的支持.

　　ZooKeeper 是 Hadoop 的一个平台配置与调度组件, 为用户提供一种分布式应用程序的高性能协调服务.

### 2.3.2　Hadoop 的特性

　　Hadoop 之所以备受关注, 得到广泛的应用, 成为事实上的大数据处理标准, 是由其特性决定的. Hadoop 具有下列特性.

　　① 大数据处理的能力. Hadoop 是为处理大数据专门设计的, 处理数据的能力可从 TB 级到 PB 级、EB 级乃至更大量级.

　　② 高可靠性. Hadoop 的高可靠性是由其冗余副本机制和容错机制保证的. 在 Hadoop 集群中, 即使有一些节点发生故障, Hadoop 系统依然能够正常运行.

　　③ 高效性. 因为 Hadoop 采用分治策略处理大数据, 利用集群并行运算, 可以把很多服务器 (成百上千, 乃至更多) 组织成一个集群进行分布式并行运算, 所以 Hadoop 可以高效地处理海量数据.

　　④ 高可扩展性. Hadoop 集群可以由几个节点构成, 也可以由几十个、几百个、几千个乃至更多的节点构成, 可以任意扩充集群中节点的数量, 扩展起来非常方便.

　　⑤ 高容错性. Hadoop 的高容错性是由其设计理念和冗余副本机制决定的. Hadoop 集群是由廉价的服务器组成的, 出现故障被认为是一种常态, 采用冗余副本机制存储数据. 这样即使一部分副本或节点出现问题, 系统依然能够正常运行.

　　⑥ 低成本性. 因为 Hadoop 系统是由廉价的服务器构成的, 所以构建 Hadoop 集群系统的成本是比较低的.

　　⑦ 流数据访问特性. 传统的数据库主要用于快速访问数据, 而不是进行批处理. Hadoop 设计之初就是用于数据的批处理, 并提供对数据集的流式访问.

　　⑧ 简单的数据一致性. 与传统的数据库不同, Hadoop 数据文件采用一次写入多次访问的模型.

　　⑨ 支持多种编程语言. 虽然 Hadoop 默认的编程语言是 Java, 但是 Hadoop 也支持其他高级语言, 如 Python 语言、C 语言、C++ 语言等.

### 2.3.3　Hadoop 的体系结构

　　HDFS 和 MapReduce 是 Hadoop 的两个核心组件. Hadoop 的体系结构主要通过 HDFS 来体现. HDFS 实现分布式存储的底层支持. MapReduce 实现分布式并行任务的程序支持 [41,43]. HDFS 采用主从结构, 如图 2.31 所示. 一个 Hadoop 集群由一个名称节点 (NameNode) 和若干个数据节点 (DataNode) 构成. 名称节点作为主节点 (主服务器) 负责文件系统的命名空间和客户端对文件的访问操作. 数据节点 (从节点) 管理存储的数据, 数据以文件的形式存储, 文件被分成若干个数据块,数据块冗余存储在多个数据节点上 (默认的是 3 个), 块是 Hadoop 数据存储的基本单位. 数据节点负责处理客户端发出的文件读写请求, 并在名称节点的统一调度下进行数据块的创建、删除和复制工作. 名称节点负责执行文件的打开、关闭、重命名、目录管理等, 数据块到具体数据节点的映射也是由名称节点负责管理的.

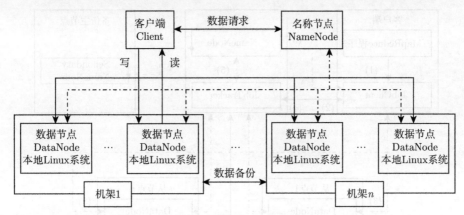

图 2.31 HDFS 的体系结构

### 2.3.4 Hadoop 的运行机制

图 2.32 展示了 HDFS 组件和 MapReduce 组件之间的逻辑关系, 给出了 Hadoop 的运行机制 [42]. 在图 2.32 中, NameNode、Secondary NameNode 和 DataNode 是 HDFS 的组件. 在一个 Hadoop 集群系统中, 只有一个 NameNode 节点. 显然, NameNode 节点是整个 HDFS 系统的关键故障点, 它一旦发生故障, 整个系统将瘫痪. 为了解决这一问题, Hadoop 设计了 Secondary NameNode 节点. 它一般在一台单独的计算机上运行, 与 NameNode 保持通信, 按照一定的时间间隔保持文件系统元数据的快照. 当 NameNode 节点发生故障时, 可从 Secondary NameNode 节点进行恢复. 需要注意的是, 在 Hadoop 1.0 中, Secondary NameNode 节点不是 NameNode 节点的热备份, 而是冷备份.

与 MapReduce 相关的基本概念包括以下几个.

(1) JobClient

JobClient 是客户端应用程序, 负责 MapReduce 作业的提交.

(2) JobTracker

JobTracker 是 Hadoop 集群的唯一全局管理者. 它是一个后台服务进程, 其主要功能包括作业管理、状态监控和任务调度等. JobTracker 启动之后, 会一直监听并接收来自各个 TaskTracker 发送的心跳信息, 包括资源使用情况和任务运行情况等信息.

在 Hadoop 中, 每个应用程序被表示成一个作业, 每个作业又被分成多个任务, JobTracker 的作业控制模块负责作业的分解和状态监控. 状态监控主要包括 TaskTracker 状态监控、作业状态监控和任务状态监控, 为系统容错和任务调度提供决策依据.

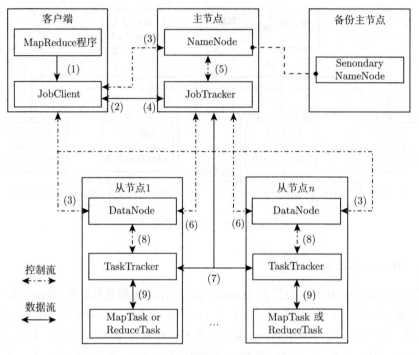

图 2.32    Hadoop 的运行机制

(3) TaskTracker

TaskTracker 也是一个后台进程, 负责执行 JobTracker 分配的任务, 是 Job-Tracker 和 Task 之间的桥梁. 每个 TaskTracker 可以启动一个或多个 Map 或 Reduce 任务. 它一方面从 JobTracker 接收并执行各种命令, 如启动任务 (Launch-TaskAction)、提交任务 (CommitTaskAction)、杀死任务 (KillTaskAction)、杀死作业 (KillJobAction) 和重新初始化 (TaskTrackerReinitAction) 等; 另一方面将本地节点上各个任务的状态信息, 通过心跳机制周期性发送给 JobTracker. TaskTracker 与 JobTracker 和 Task 之间采用远程过程调用 (remote procedure call, RPC) 协议进行通信.

(4) MapTask 和 ReduceTask

MapTask 和 ReduceTask 是 TaskTracker 启动的负责执行具体 Map 任务和 Reduce 任务的程序.

下面根据图 2.32 说明 Hadoop 的运行机制.

① MapReduce 程序启动一个 JobClient 实例, 以开启一个 MapReduce 作业.

② JobClient 调用 getNewJobID(), 向 JobTracker 发出请求, 以获得一个新作业的 ID.

③ JobClient 根据作业请求指定的数据文件, 计算数据块的划分, 准备好作业需要的数据资源. 这些资源包括 Java 归档文件 (JAR 文件)、配置文件、数据块等, 并将这些资源存入 HDFS 指定的目录下.

④ JobClient 调用 JobTracker 的 submitJob(), 提交该作业.

⑤ JobTracker 将提交的作业放到作业队列中等待作业调度, 以完成作业的初始化工作. 作业初始化主要创建一个代表此作业的对象. 该对象封装了作业包含的任务和任务运行状态信息. 任务的运行状态信息用于跟踪任务的状态及执行进度.

⑥ JobTracker 从 HDFS 中取出 JobClient 放好的输入数据, 并根据输入数据创建对应数量的 Map 任务, 同时根据配置文件, 生成对应数量的 Reduce 任务.

⑦ TaskTracker 和 JobTracker 通过心跳机制进行通信, 在 TaskTracker 发送给 JobTracker 的心跳消息中, 包含当前是否可以执行新的任务信息. 根据这个信息, JobTracker 将 Map 任务和 Reduce 任务分配给空闲的 TaskTracker 节点.

⑧ 分配了任务的 TaskTracker 节点从 HDFS 中取出所需的文件, 包括 JAR 文件和数据文件, 存入本地磁盘, 并启动一个 TaskRunner 准备执行任务.

⑨ TaskRunner 在一个新的 Java 虚拟机中根据任务类别创建 MapTask 和 ReduceTask 进行运算. 在运算过程中, MapTask 和 ReduceTask 会定时与 TaskRunner 通信, 以报告其状态和进度, 直到任务完成.

### 2.3.5 Hadoop 1.0 和 Hadoop 2.0 的区别

2019 年 1 月, Apache 发布了 Hadoop 3.0. 目前, Hadoop 有 3 个版本, 即 Hadoop 1.0、Hadoop 2.0 和 Hadoop 3.0. 目前, Hadoop 2.0 是使用最多的版本. 与 Hadoop 1.0 相比, Hadoop 2.0 采用了一套全新的架构, 引入了 YARN (yet another resource negotiator)[47,48]. 它是一种全新的 Hadoop 资源管理器, 可为上层应用提供统一的资源管理和调度. 它的引入为 Hadoop 集群在利用率、资源统一管理和数据共享等方面带来巨大好处, 可以解决 Hadoop 1.0 的下列问题.

(1) 单点故障问题

在 Hadoop 1.0 中, NameNode 和 JobTracker 被设计成单一节点, 一旦该节点出现故障, 对整个系统的影响是致命的. 这个节点是整个系统的单点故障源, 会严重制约 Hadoop 系统的可扩展性和可靠性.

(2) 计算模式单一问题

在 Hadoop 1.0 中, 只支持 MapReduce 计算模式. 这种计算模式比较单一. 众所周知, MapReduce 是一种批处理计算模式, 但在实际应用中, 有许多对其他计算模式的需求, 如流计算模式、图计算模式、交互计算模式等.

(3) 不灵活性问题

Hadoop 1.0 的不灵活性体现在两方面. 一是 Map 和 Reduce 模式绑定太死, 不灵活. 在 Hadoop 1.0 中, Map 和 Reduce 是作为一个整体提供给用户使用的. 然而, 在实际应用中, 并不是每一个业务都同时需要这两个操作. 二是资源管理方案不灵活. Hadoop 1.0 采用静态 slot 资源分配策略, 在节点启动前, 为每个节点配置好 slot 总数, 一旦节点启动后, 就不能动态变更.

Hadoop 1.0 到 2.0 的版本演变可用图 2.33 来刻画.

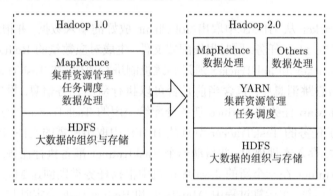

图 2.33　Hadoop 1.0 到 2.0 的版本演变

从图 2.33 可以看出, Hadoop 1.0 和 2.0 的最大不同就是 YARN. 此外, Hadoop 1.0 仅仅是 HDFS 和 MapReduce 的组合, 只支持批处理计算框架, 而不支持其他的计算框架, 如流计算框架、图计算框架、交互计算框架等. 在 Hadoop 2.0 中, YARN 位于 HDFS 和计算框架之间, 它的主要功能是进行资源管理和调度. 在 YARN 基础上, Hadoop 2.0 除支持 MapReduce 计算框架外, 还支持其他的计算框架, 如 Spark、Storm、Graph 等.

Hadoop 1.0 和 2.0 在运行架构上也有很大的差别. 图 2.34 给出了 Hadoop 2.0 的运行架构, 即 YARN 的运行架构. 在 Hadoop 1.0 中, 主节点有一个单独的进程 JobTracker 来管理作业. 它负责任务的调度和资源的分配. 在每一个从节点 (工作节点) 上, TaskTracker 进程负责作业的执行. 在 Hadoop 2.0 中, JobTracker 被分解为两个进程, 即 ResourceManager 和 ApplicationMaster. 前者负责任务调度, 后者负责资源管理. Hadoop 1.0 中的 TaskTracker 进程在 Hadoop 2.0 中演变为 NodeManager. 在 Hadoop 2.0 中, ResourceManager 作为纯调度器使用, 它与 MapReduce 之间没有特殊的连接, 是一种低耦合关系; 在 Hadoop 1.0 中, JobTracker 和 MapReduce 是高度耦合的. 此外, Hadoop 1.0 集群只可以扩展到大约 5000 个节点, 而 Hadoop 2.0 集群可以扩展到 10000 个节点 [48].

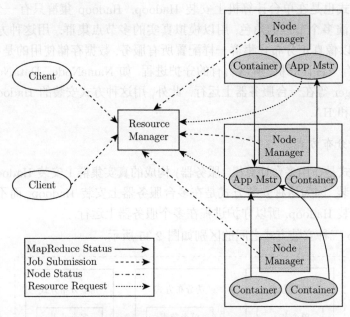

图 2.34   YARN 的运行架构

在 HDFS 方面, 与 Hadoop 1.0 的 HDFS 相比, Hadoop 2.0 的 HDFS 也有较大的改进. 它引入了 NameNode 联邦 (NN federation) 和高可用性组件. 这里不介绍这两个组件, 有兴趣的读者可参考 Hadoop 官网①或厦门大学数据库实验室建设的中国高校大数据课程公共服务平台②. 这个平台资源丰富, 具有很高的参考价值.

### 2.3.6   Hadoop 的安装及大数据处理环境的架构

Hadoop 的安装方式有三种, 分别是单点 (standalone) 方式、伪分布 (pseudo-distributed) 方式和完全分布 (fully-distributed) 方式.

#### 1. 单点方式

这种方式是在单台计算机上安装 Hadoop. Hadoop 集群只有一个节点, 所有的 Hadoop 服务都是在单个的 Java 虚拟机 (java virtual machine, JVM) 中运行, 没有后台守护进程. 数据存储使用本地文件系统, 而不是 HDFS. MapReduce 作业运行在单个的 Mapper 和 Reducer 上. 用这种安装方式安装的 Hadoop, 适合开发人员

---

① http://hadoop.apache.org/docs/stable/hadoop-project-dist/hadoop-hdfs/
② http://dblab.xmu.edu.cn/post/bigdata-teaching-platform/

运行并测试代码.

### 2. 伪分布方式

这种方式也是在单台计算机上安装 Hadoop. Hadoop 集群只有一个节点, 用一个节点扮演多个节点的角色, 用以模拟真实的多节点集群. 用这种方式安装的 Hadoop, 可以像真正分布式集群一样配置所有服务, 数据存储使用的是 HDFS. 但是, 因为只有一台计算机, 所以所有的守护进程, 如 NameNode、DataNode 和 ResourceManager 等在一台服务器上运行. 此外, 用这种方式安装的 Hadoop, 无法配置数据复制和 HA.

### 3. 完全分布方式

这种方式是在由多台计算机 (服务器) 构成的真实集群上安装 Hadoop, 是真正的分布式安装. 因为这种安装方式是在多台服务器上安装 Hadoop, 而不是在单台计算机上安装 Hadoop, 所以守护进程在多个服务器上运行.

Hadoop 三种安装方式之间的区别如图 2.35 所示.

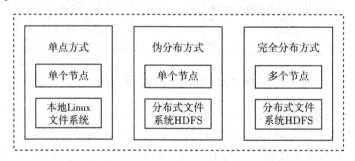

图 2.35　Hadoop 三种安装方式之间的区别

一台计算机上也可以实现 Hadoop 的完全分布式安装. 这可以通过虚拟机软件在一台计算机上建立多个虚拟机来实现, 用一个虚拟机模拟一个节点, 以实现真实的多节点集群的模拟. 需要注意的是, 用这种方式模拟真实的多节点集群需要的硬件配置比较高, 计算机内存最好 16GB 或更高, 硬盘最好 1TB 或更高, CPU 最好是 Intel i7 或更高配置的 CPU.

本书重点介绍 Hadoop 的伪分布方式安装, 以及如何在单台计算机 (服务器) 上用建立的多个虚拟机架构大数据处理环境, 原因有如下两点.

① 在单台计算机 (服务器) 上用伪分布方式安装的 Hadoop, 既可以方便用户运行和调试 Hadoop 程序, 也可以模拟真实的分布式集群环境, 方便扩展到真实的集群环境.

② 有些用户可能不具备真实的集群环境, 可以用虚拟机软件在单台计算机 (服

务器) 上建立多个虚拟机. 每个虚拟机模拟一个节点. 这样, 在单台计算机 (服务器) 上可以架构一个虚拟环境, 模拟真实的集群环境. 关于单点方式和完全分布式方式的安装, 有兴趣的读者可参考 Hadoop 官网[①]或参考文献 [37], [38], [48].

如图 2.36 所示, 我们在笔记本电脑 (16G 内存、i5-3210M CPU、1T 硬盘) 上创建 4 个虚拟机, 名称分别是 Hadoop、Data1、Data2 和 Data3. 用这 4 个虚拟机可以架构一个包含 4 个节点的大数据处理环境, 用 Hadoop 虚拟机作 NameNode 节点, 其他 3 个虚拟机作 DataNode 节点.

图 2.36 创建了 4 个虚拟机 Hadoop、Data1、Data2 和 Data3

因为 Hadoop 运行在 Linux 操作系统之上, 所以每一个虚拟机都要安装 Linux 操作系统和 Hadoop 系统, 但是一个一个的安装非常麻烦. 完全安装好一个虚拟机后, 可采用虚拟机克隆的方式创建安装 Ubuntu 和 Hadoop 的虚拟机. 这样既节省时间, 操作起来也非常方便.

图 2.37 是安装了 Ubuntu 的虚拟机. 下面介绍在这个虚拟机上用伪分布方式安装 Hadoop 的过程.

---

① http://hadoop.apache.org/docs/stable/hadoop-project-dist/hadoop-common/ClusterSetup.html

　　在虚拟机上安装 Hadoop, 需要先启动虚拟机, 并以管理员身份登录 Ubuntu (图 2.37). 安装之前需要做一些准备工作, 安装 Hadoop 后还需要配置 Hadoop 环境.

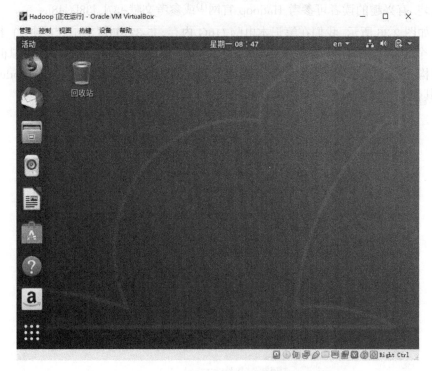

图 2.37　安装了 Ubuntu 的虚拟机

　　**说明**: ① 建议安装每一个组件之前, 更新 apt 软件, 命令为

　　　　$sudo apt-get update

　　② 建议安装 rsync, 它是 Linux 系统的远程数据复制和文件同步工具, 使用快速增量备份工具 Remote Sync 可以远程同步, 支持本地复制, 或者与其他 rsync 主机同步. 安装 rsync 的命令为

　　　　$sudo apt-get install rsync

　　(1) 安装 Hadoop 之前的准备工作

　　安装 Hadoop 之前的准备工作, 包括安装 SSH、安装 Java.

　　① 安装 SSH. SSH 是 Secure Shell 的缩写. 它是一个建立在应用层基础上的安全协议, 是一个比较可靠的专为远程登录会话和其他网络服务提供安全的协议. 利用 SSH 可以有效防止远程管理过程中的信息泄露问题, 由客户端和服务器端软件组成. 服务器端软件是一个守护进程, 它在后台运行并响应来自客户端的连接请求. 客户端软件包含 SSH 程序、scp(远程复制)、slogin(远程登录) 和 sftp(远程文件

传输) 等其他应用程序.

为什么在安装 Hadoop 之前需要安装 SSH 呢? 这是因为 Hadoop 集群中的 NameNode 节点需要启动所有 DataNode 节点的 Hadoop 守护进程. 这个工作是由 SSH 来完成的. Ubuntu 默认安装了 SSH 客户端, 这里只需要安装 SSH 服务器. 安装非常简单, 只需在 Ubuntu 的命令终端输入如下命令, 即

$sudo apt-get install openssh-server

安装完成后, 用如下命令登录本机, 即

$ssh localhost

由于每次登录都需要输入密码, 而在 Hadoop 集群中, 当 NameNode 节点登录 DataNode 节点时, 不可能人工输入密码, 因此需要配置 SSH 的无密码登录方式. 配置 SSH 的无密码登录包括以下两步.

第一步, 生成密钥, 命令为

$ssh-keygen -t rsa

其中, -t 是密钥类型参数.

密钥有两种类型, 分别用 rsa 和 dsa 表示, 默认的是 rsa.

第二步, 将密钥加入到授权中, 命令为

$cat ./id_rsa.pub>>./authorized_keys

其中, id_rsa.pub 是存放密钥的文件; ">>" 表示将文件 id_rsa.pub 的内容添加到授权文件 authorized_keys 的后面.

② 安装 Java. 因为 Hadoop 是用 Java 语言开发的, 用 Hadoop 处理大数据也需要用 Java 语言编写程序, 所以安装 Hadoop 之前, 需要先安装 Java. 安装 Java 最简单便捷的方式是在 Ubuntu 的终端命令窗口中输入如下命令, 即

$sudo apt-get install default-jdk

安装完成后, 可以用下面的命令查看安装的 Java 软件的版本, 即

$sudo java -version

与在 Windows 系统安装软件不同, 在 Ubuntu 系统中安装软件不是交互式的, 而是使用命令方式. 这会造成不知道 Java 的安装位置在哪里, 可用下面的命令查看 Java 的安装位置, 即

$update-alternatives –display Java

(2) 安装 Hadoop

安装 Hadoop 就是下载安装文件和解压安装文件的过程. 需要注意的是, 要在 Linux 系统中下载 Hadoop 安装文件, 如果是在 Windows 系统中下载的, 那么需要将相关软件上传到 Linux 系统的下载目录中. 在 Ubuntu 系统中, 默认的下载目录是 "/home/hduser/Downloads/", 其中 hduser 是系统用户名, 对于不同的用户,

hduser 会变成不同的用户名. 建议到 Hadoop 官网①下载 Hadoop 安装文件, 下载完成后, 将安装文件解压缩, 解压的 Linux 命令为

$sudo tar -zxf /home/hduser/Downloads/hadoop-3.2.0.tar.tz

因为在 Ubuntu 系统中, 安装 Hadoop 的目录一般为 "/usr/local/hadoop", 所以需要把解压缩后的文件移动到该目录中, 相应的 Linux 命令为

$sudo mv hadoop-3.2.0.tar.tz /usr/local/hadoop

用户可以使用如下 Linux 命令查看安装目录中的内容, 即

$sudo ll /usr/local/hadoop

如果用户 hduser 对目录 "/usr/local/hadoop" 没有操作权限, 可用下面的 Linux 命令对其进行授权, 即

$sudo chown -R hduser /usr/local/hadoop

至此, Hadoop 的安装就完成了. 但是, 在使用 Hadoop 之前, 还需要配置 Hadoop 环境, 创建并格式化 HDFS 目录. 下面分别进行介绍.

(3) 配置 Hadoop 环境

Hadoop 环境的配置包括两部分: 一部分是修改 Hadoop 的环境变量, 另一部分是修改 Hadoop 的配置文件.

① 修改 Hadoop 的环境变量. 设置修改的 Hadoop 的环境变量, 包括 JDK 安装路径、HADOOP_HOME、HADOOP_PATH 等. Hadoop 的环境变量的设置可通过修改 bashrc 文件来实现. 这个文件主要用来保存个人用户的一些个性化设置, 即在同一个服务器上, 只与某个用户的个性化设置相关. 可用下面的 Linux 命令打开 bashrc 文件, 即

$sudo getid  /.bashrc

打开 bashrc 文件后, 在文件末尾添加配置 Hadoop 环境变量的如下内容并保存 [37], 即

export HADOOP_HOME=/usr/local/hadoop

export HADOOP_MAPPER_HOME=$HADOOP_HOME

export HADOOP_COMMON_HOME=$HADOOP_HOME

export HADOOP_HDFS_HOME=$HADOOP_HOME

export HADOOP_COMMON_LIB_NATIVE_DIR=$HADOOP_HOME/lib/native

export HADOOP_OPTS="-Djava.library.path=$HADOOP_HOME/lib"

export JAVA_HOME=/usr/lib/jvm/java-11-openjdk-amd64

---

① https://hadoop.apache.org/releases.html

export JAVA_LIBRARY_PATH=$HADOOP_HOME/lib/native:
$JAVA_LIBRARY_PATH

export YARN_HOME=$HADOOP_HOME

export PATH=$PATH:HADOOP_HOME/lib

export PATH=$PATH:HADOOP_HOME/sib

修改完成后, 可用如下的 Linux 命令 source 使设置立即生效, 即

$source /.bashrc

② 修改 Hadoop 的配置文件. 需要修改的配置文件包括 hadoop-env.sh、core-site.xml、yarn-site.xml、mapred-site.xml 和 hdfs-site.xml.

第一, 修改 Hadoop-env.sh. 在这个文件中需要配置 Java 的安装路径, 可用下面的 Linux 命令 gedit 打开配置文件 Hadoop-env.sh, 即

$sudo gedit/usr/local/hadoop/etc/hadoop/hadoop-env.sh

在该文件中, JAVA_HOME 的值为

export JAVA_HOME=${JAVA_HOME}

将其修改为下列内容并保存, 即

export JAVA_HOME=/usr/lib/jvm/java-11-openjdk-amd64

第二, 修改 core-site.xml. 在这个文件中需要设置 HDFS 的默认名称, 可用下面的 Linux 命令 gedit 打开配置文件 core-site.xml, 即

$sudo gedit/usr/local/hadoop/etc/hadoop/core-site.xml

设置 HDFS 的默认名称为

```
<configuration>
    <property>
        <name>fs.defaultFS</name>
        <value>hdfs://localhost:9000</value>
    </property>
</configuration>
```

第三, 修改 yarn-site.xml. 文件 yarn-site.xml 包含 YARN 相关的设置, 可用下面的 Linux 命令 gedit 打开配置文件 yarn-site.xml, 即

$sudo gedit/usr/local/hadoop/etc/hadoop/yarn-site.xml

设置的内容为

```
<configuration>
    <property>
        <name>yarn.nodemanager.aux-services</name>
        <value>MapReduce_shuffle</value>
    </property>
```

```
  <property>
    <name>yarn.nodemanager.aux-services.MapReduce.shuffle.class</name>
    <value>org.apache.hadoop.mapred.ShuffleHandle</value>
  </property>
</configuration>
```

第四, 修改 mapred-site.xml. 在文件 mapred-site.xml 中, 需要设置 Map 和 Reduce 程序的 JobTracker 任务分配情况, 即 TaskTracker 任务运行情况, 可用下面的 Linux 命令 gedit 打开配置文件 mapred-site.xml, 即

$sudo gedit/usr/local/hadoop/etc/hadoop/mapred-site.xml

设置的内容为

```
<configuration>
  <property>
    <name>MapReduce.framework.name</name>
    <value>yarn</value>
  </property>
</configuration>
```

第五, 修改 hdfs-site.xml. 用下面的 Linux 命令 gedit 打开配置文件 hdfs-site.xml, 即

$sudo gedit/usr/local/hadoop/etc/hadoop/hdfs-site.xml

设置的内容为

```
<configuration>
  <property>
    <name>dfs.replication</name>
    <value>1_shuffle</value>
  </property>
  <property>
    <name>dfs.namenode.name.dir</name>
    <value>file:/usr/local/hadoop/hadoop_data/hdfs/namenode</value>
  </property>
  <property>
    <name>dfs.datanode.name.dir</name>
    <value>file:/usr/local/hadoop/hadoop_data/hdfs/datanode</value>
  </property>
</configuration>
```

(4) 创建并格式化 HDFS 目录

① 创建 namenode 和 datanode 数据存储目录.

创建 namenode 数据存储目录的 Linux 命令为

$sudo mkdir -p /usr/local/hadoop/hadoop_data/hdfs/namenode

创建 datanode 数据存储目录的 Linux 命令为

$sudo mkdir -p /usr/local/hadoop/hadoop_data/hdfs/datanode

用下面的 Linux 命令将目录的所有者更改为 hduser, 即

$sudo chown hduser:hduser -R /usr/local/hadoop

② 格式化 HDFS 目录. 用下面的 Linux 命令格式化 HDFS 目录, 即

$hadoop namenode -format

格式化完成后, 整个 Hadoop 安装就结束了, 就可以运行 Hadoop 系统了. 需要注意的是, 如果当前的 HDFS 中存储有数据, 那么格式化将会删除所有的数据.

关于在一台计算机上如何用几个虚拟机架构完全分布式 Hadoop 集群环境, 由于篇幅所限, 这里不再赘述, 有兴趣的读者可参考文献 [38].

## 2.4　大数据处理系统 Spark

### 2.4.1　什么是 Spark

Spark 是继 Hadoop 之后, 或者说是在 Hadoop 的基础上发展起来的另一个开源大数据处理平台. 下面我们从两个方面介绍 Spark.

从软件项目的角度来看, Spark 也是 Apache 软件基金会负责管理的一个大型顶级开源软件项目, 2009 年诞生于美国加州大学伯克利分校 AMPLab 实验室. 2010 年对外开源, 成为 Apache 软件基金会的项目, 2014 年 2 月成为 Apache 的顶级项目. 2014 年 5 月, Spark 的第一个版本 1.0 正式发布, 并推出了 Spark SQL 项目. 2014 年 12 月, Spark 1.2 版本发布, 并推出 GraphX 项目. 2016 年 1 月, Spark 1.6 版本发布, 在 DataFrame 之后增加了 Dataset API (application programming interface, 应用程序接口). 2016 年 7 月, Spark 2.0 版本发布, 主要更新了 API 和 SQL. 目前, 最新的版本是 2019 年 5 月发布的 Spark 2.4.3.

从软件系统的角度来看, Spark 也是 Apache 软件基金会负责管理维护的一个开源的分布式大数据处理软件. 其首要设计目标是避免运算时出现过多的网络和磁盘 I/O 开销, 为此它将核心数据结构设计为弹性分布式数据集 (resident distributed dataset, RDD). Spark 使用 RDD 实现基于内存的计算框架, 在计算过程中它会优先考虑将数据缓存在内存中. 如果内存容量不足, Spark 才会考虑将数据缓存到磁盘上. Spark 为 RDD 提供了一系列算子, 以便对 RDD 进行有效的操作. 此外, 为了避

免 Hadoop 启动和调度作业消耗过大的问题, Spark 采用基于有向无环图 (directed acyclic graph, DAG) 的任务调度机制进行优化. 这样可以将多个阶段的任务并行或串行执行, 无须将每一个阶段的中间结果存储到 HDFS 上.

Spark 的特性在其官网①的首页给出了清晰的解释, 包括如下特性.

① 运行速度快. Spark 使用最先进的 DAG 调度程序、查询优化器和物理执行引擎, 能高效地对数据进行批处理和流处理.

② 易于使用. Spark 提供 80 多个高级操作算子, 可以轻松地构建并行应用程序, 可以在 Scala、Python、R 和 SQL shell 中交互式地使用.

③ 通用性. Spark 是一个用于大规模数据处理的统一分析引擎, 支持交互式计算 (Spark SQL)、流计算 (Spark streaming)、图计算 (Spark GraphX) 和机器学习 (Spark MLlib).

④ 易于部署. Spark 可以运行在单点集群上, 也可以运行在 Hadoop YARN 上, 还可以运行在 EC2、Mesos 和 Kubernetes 上, 可以访问存储在 HDFS、HBase、Hive 上的数据源和其他上百种数据源.

### 2.4.2　Spark 的运行架构

与 Hadoop 一样, Spark 采用的也是主从架构. 其运行架构如图 2.38 所示 [49]. Master 就是架构中的 Cluster Manager, Slave 就是架构中的 Worker. 下面介绍相关的基本概念.

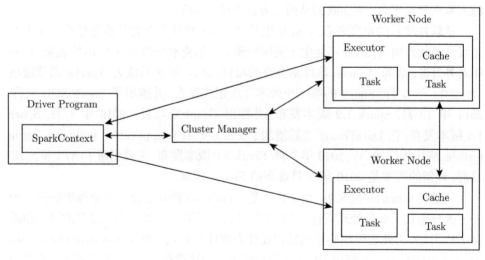

图 2.38　Spark 的运行架构

① http://spark.apache.org/

**Master(Cluster Manager)**: Spark 集群的领导者, 负责管理集群资源, 接收 Client 提交的作业, 给 Worker 发送命令等.

**Worker**: 执行 Master 发送的命令, 具体分配资源, 并用这些资源执行相应的任务.

**Driver**: 一个 Spark 作业运行时会启动一个 Driver 进程. 它是作业的主进程, 负责作业的解析、生成 Stage, 并调度 Task 到 Executor 上运行.

**Executor**: 作业的真正执行者, Executor 分布在集群的 Worker 上, 每个 Executor 接收 Driver 的命令, 加载并运行 Task. 一个 Executor 可以执行一个或多个 Task.

**SparkContext**: 程序运行调度的核心, 由高层调度器 DAGScheduler 划分程序的每个阶段, 底层调度器 TaskScheduler 划分每个阶段的具体任务.

**DAGScheduler**: 负责高层调度, 划分 stage, 并生成程序运行的有向无环图.

**TaskScheduler**: 负责具体 stage 内部的底层调度, 包括 task 调度和容错等.

**RDD**: 分布式内存的一个抽象概念, 可以将一个大数据集以分布式方式组织在集群服务器的内存中. RDD 是一种高度受限的共享内存模型.

**DAG**: 反映 RDD 之间依赖关系的一种有向无环图.

**Job**: 一个作业包含多个 RDD 及作用于相应 RDD 上的 action 算子. 每个 action 算子都会触发一个作业. 一个作业可能包含一个或多个 Stage. Stage 是作业调度的基本单位.

**Task**: 执行的工作单位. 每个 Task 会被发送到一个节点上, 每个 Task 对应 RDD 的一个分区 (partition). RDD 是 Spark 的灵魂, 后面会详细介绍.

**Stage**: Job 的基本调度单位, 用来计算中间结果的任务集 (Taskset), Taskset 中的 Task 对同一个 RDD 内的不同分区都一样. Stage 是在 Shuffle 的地方产生的, 由于下一个 Stage 要用到上一个 Stage 的全部数据, 因此必须等到上一个 Stage 全部执行完才能开始.

在 Spark 中, 一个 Application 由一个 Driver 和若干个 Job 构成, 一个 Job 由多个 Stage 构成, 一个 Stage 由多个没有 Shuffle 关系的 Task 组成 [43]. Application、Driver、Job、Stage 和 Task 之间的关系可用图 2.39 描述.

### 2.4.3 Spark 的工作机制

#### 1. 弹性分布式数据集 RDD

Spark 对大数据的处理是通过 RDD 实现的. RDD 是 Spark 的灵魂, 是大数据的内存存储模型. 数据分布存储在多个节点上. 事实上, 每个 RDD 的数据都以数据块的形式存储于多个节点上, 每个 Executor 会启动一个 BlockManagerSlave, 负责管理一部分数据块. 数据块的元数据由 Driver 节点上的 BlockManagerMaster 负责管理维护. BlockManagerSlave 生成数据块后, 向 BlockManagerMaster 注册该数据块. BlockManagerMaster 管理 RDD 与数据块的关系, 当一个 RDD 完成其历史使命时, 将向 BlockManagerMaster 发送指令删除该 RDD 相应的数据块.

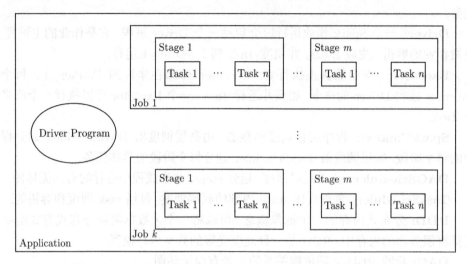

图 2.39　Application、Driver、Job、Stage 和 Task 之间的关系

　　本质上, 一个 RDD 就是一个分布式对象集合, 是一个只读分区的记录集合. 每个 RDD 可分成多个分区. 每个分区就是一个数据集片段, 并且一个 RDD 的不同分区可以被保存到集群中不同的节点上, 从而可以在集群的不同节点进行并行计算 [43]. RDD 中的 Partition 是一个逻辑数据块, 对应相应的物理块. 每个数据块就是节点对应的一个数据块, 可以存储在内存中, 也可以存储在磁盘上, 但只有内存存储不下时, 才存储到磁盘上.

　　RDD 具有以下特性 [43,49].

　　① 高效的容错性. RDD 用血缘关系 (Lineage) 实现容错, 当某个分区出现故障时, 重新计算丢失分区, 无须回滚系统, 重算过程在不同节点之间并行.

　　② 中间结果持久化到内存. 数据在内存的多个 RDD 操作之间进行传递, 可以避免不必要的读写磁盘开销.

　　③ 存放的数据可以是 Java 对象, 从而避免不必要的对象序列化和反序列化.

　　Spark 可以通过两种方式创建 RDD, 一种方式是通过读取外部数据创建 RDD, 另一种方式是通过其他的 RDD 执行变换而创建. 不同 RDD 之间的转换构成一种血缘关系. 这种血缘关系可以为 Spark 提供高效容错机制.

　　作为一种抽象的数据结构, RDD 支持两种操作算子, 即变换 (transformation) 和行动 (action). 表 2.2 和表 2.3 列出了常用的变换算子和行动算子, 以及它们的功

能 [50,51], 其他的算子可参考 Spark 的官网①.

表 2.2 常用的变换算子

| 变换算子 | 算子的功能 |
| --- | --- |
| map(func) | 通过函数 func 作用于当前 RDD 的每一个元素, 形成一个新的 RDD |
| filter(func) | 通过函数 func 选择当前 RDD 中满足条件的元素, 形成一个新的 RDD |
| flatMap(func) | 与 map 类似, 但是每个输入项都可以映射到 0 或多个输出项 (因此 func 应该返回一个序列, 而不是单个项) |
| mapPartitions(func) | 与 map 类似, 但是在 RDD 的每个分区 (块) 上单独运行, 所以当在 T 类型的 RDD 上运行时, func 必须是这样的类型: Iterator<T>=> Iterator<U> |
| sample(withReplacement, fraction, seed) | 使用给定的随机数生成器种子, 用有放回或无放回的方式对数据进行一部分采样 |
| union(otherRDD) | 输入参数为另一个 RDD, 返回两个 RDD 中所有元素的并集, 但不进行去重操作, 而是保留所有元素 |
| distinct(otherRDD) | 输入参数为另一个 RDD, 返回两个 RDD 中所有元素的并集, 并进行去重操作 |
| intersection(otherRDD) | 输入参数为另一个 RDD, 返回两个 RDD 中所有元素的交集 |
| groupByKey([numPartitions]) | 对 (Key, Value) 型 RDD 中的元素按 Key 进行分组. Key 值相同的 Value 值合并在一个序列中, 所有 Key 值序列构成新的 RDD |
| reduceByKey(func, [numPartitions]) | 对 (Key, Value) 型 RDD 中的元素按 Key 进行 Reduce 操作. Key 值相同的 Value 值按 func 的逻辑进行归并, 然后生成新的 RDD |
| sortByKey([ascending], [numPartitions]) | 对原 RDD 中的元素按 Key 值进行排序, ascending 表示升序, descending 表示降序, 排序后生成新的 RDD |
| coalesce(numPartitions) | 对当前 RDD 进行重新分区, 生成一个由 numPartitions 指定分区数的新 RDD |
| join(otherRDD, [numPartitions]) | 输入参数为另一个 RDD, 如果和原来的 RDD 存在相同的 Key, 那么相同 Key 值的 Value 连接构成一个序列, 然后与 Key 值生成新的 RDD |

以简单的文本大数据词频统计为例, Spark 用 RDD 及变换算子和行动算子处理数据的流程如图 2.40 所示.

2. RDD 的依赖关系

RDD 的依赖关系分为窄依赖 (narrow dependency) 和宽依赖 (shuffle dependency).

---

① http://spark.apache.org/docs/latest/rdd-programming-guide.html

(1) 窄依赖

窄依赖是 RDD 中最常见的一种依赖关系, 表现为一个父 RDD 的分区最多被子 RDD 的一个分区使用. 图 2.41 所示为 RDD 的窄依赖关系示意图. 在图 2.41(a) 中, RDD2 是由 RDD1 经 map 和 filter 两个变换操作变换得到的, 因为父 RDD1 中的每个分区只对应子 RDD2 中的一个分区, 所以 RDD1 和 RDD2 是窄依赖关系. 在图 2.41(b) 中, RDD3 是由 RDD1 和 RDD2 经 union 变换操作得到的, 因为父 RDD1 和 RDD2 中的每一个分区只对应子 RDD3 中的一个分区, 所以父 RDD1 和 RDD2 和子 RDD3 是窄依赖关系. 在图 2.41(c) 中, RDD3 是由 RDD1 和 RDD2 经 join 变换操作得到的, 因为父 RDD1 和 RDD2 中的每一个分区只对应子 RDD3 中的一个分区, 所以父 RDD1 和 RDD2 及其子 RDD3 是窄依赖关系.

表 2.3　常用的行动算子

| 行动算子 | 算子的功能 |
| --- | --- |
| reduce(func) | 对 RDD 中的每个元素, 依次使用指定的函数 func 进行运算, 并输出最终的计算结果 |
| collect() | 以数组格式返回 RDD 内的所有元素 |
| count() | 计算并返回 RDD 中元素的个数 |
| first() | 返回 RDD 中的第一个元素 |
| take(n) | 以数组的方式返回 RDD 中的前 $n$ 个元素 |
| takeSample(withReplacement, num, [seed]) | 随机采样 RDD 中一定数量的元素, 并以数组方式返回 |
| takeOrdered(n, [ordering]) | 以数组方式返回 RDD 中经过排序后的前 $n$ 个元素 |
| saveAsTextFile(path) | 将 RDD 以文本文件格式保存到指定路径 path |
| saveAsSequenceFile(path) | 将 RDD 以 Hadoop 序列文件格式保存到指定路径 path |
| saveAsObjectFile(path) | 使用 Java 序列化, 以简单格式将 RDD 保存到指定路径 path |
| countByKey() | 计算 (Key, Value) 型 RDD 中每个 Key 值对应的元素个数, 并以 Map 数据类型返回统计结果 |
| foreach(func) | 对 RDD 中的每个元素, 使用 func 指定的函数进行处理 |

(2) 宽依赖

RDD 的宽依赖关系是一种会导致计算时产生 Shuffle 操作的关系, 所以也称为 Shuffle 依赖关系, 表现为一个父 RDD 的分区会被子 RDD 的多个分区使用. 图 2.42 所示为 RDD 的宽依赖关系示意图. 在图 2.42(a) 中, RDD2 是由 RDD1 经 groupByKey 操作变换得到的, 因为父 RDD1 中的每一个分区对应子 RDD2 中的两个分区, 所以 RDD1 和 RDD2 是宽依赖关系. 在图 2.42(b) 中, RDD3 是由 RDD1 和 RDD2 经 join with inputs not co-partitioned 操作变换得到的, 因为父 RDD1 和父 RDD2 中的每一个分区对应子 RDD3 中的三个分区, 所以父 RDD1 和父 RDD2 和子 RDD3 是宽依赖关系.

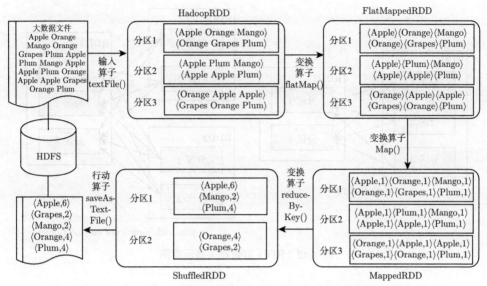

图 2.40 Spark 用 RDD 及变换算子和行动算子处理数据的流程

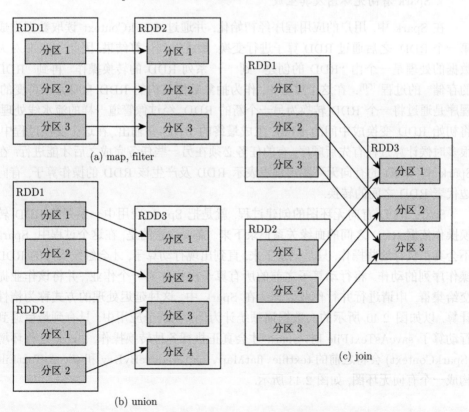

图 2.41 RDD 窄依赖关系示意图

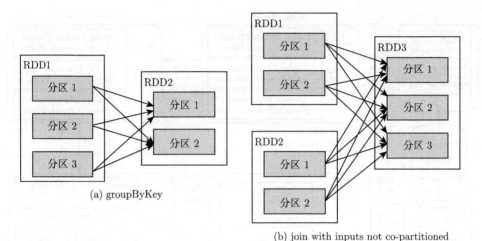

(a) groupByKey

(b) join with inputs not co-partitioned

图 2.42　RDD 宽依赖关系示意图

### 3. Spark 有向无环图及其生成

在 Spark 中, 用户的应用程序经初始化, 并通过 SparkContext 读取数据生成第一个 RDD, 之后通过 RDD 算子进行变换, 最终得到计算结果. 因此, Spark 对大数据的处理是一个由 "RDD 的创建" 到 " 一系列 RDD 的转换操作" 再到 "RDD 的存储" 的过程 [50]. 在这个过程中, 作为抽象数据结构的 RDD 自身是不可变的, 程序是通过将一个 RDD 转换为另一个新的 RDD, 经过像管道一样的流水线处理, 将初始 RDD 变换成中间的 RDD, 生成最终的 RDD 并输出. 在这个变换过程中, 很多时候计算过程有先后顺序, 有的任务必须在另一些任务完成之后才能进行. 在 Spark 中, RDD 的有向无环图用顶点表示 RDD 及产生该 RDD 的操作算子, 有向边代表 RDD 之间的转换.

Spark RDD 有向无环图的创建过程, 就是把 Spark 应用中一系列的 RDD 转换操作依据 RDD 之间的血缘关系记录下来. 需要注意的是, 在这个过程中, Spark 不会真正执行这些操作, 只是记录下来, 直到出现行动算子, 才会触发实际的 RDD 操作序列的动作, 将行动算子之前的所有算子操作称为一个作业, 并将该作业提交给集群, 申请进行并行作业处理. 在 Spark 中, 这种延迟处理的方式称为惰性计算. 以如图 2.40 所示的大数据词频统计为例, 在这个应用中, 只有到最后遇到行动算子 saveAsTextFile 时, Spark 才会真正执行各种转换操作, Spark 运行环境 (SparkContext) 会将之前的 textfile、flatMap、map、reduceByKey 和 saveAsTextFile 构成一个有向无环图, 如图 2.43 所示.

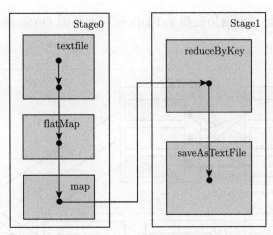

图 2.43 WordCount 应用的 RDD 有向无环图

**4. Stage 的划分**

由图 2.43 可以看出, WordCount 应用的 RDD 有向无环图被划分为两个阶段, 即 Stage0 和 Stage1. 这两个阶段是如何划分出来的呢? 下面做简要的介绍. 这个工作是由 SparkContext 创建的 DAGScheduler 实例进行的, 其输入是 RDD 的 DAG, 输出为一系列任务. 有些任务被组织在一起, 称为 Stage.

由 RDD 划分 Stage 时, 依据是 RDD 之间的依赖关系. 由图 2.41 所示的窄依赖可以看出, 窄依赖分区之间的关系非常明确, 对于分区间转换关系是一对一关系的, 如 map、filetr 和 union, 可以在一个节点进行计算. 如果有多个这样的窄依赖关系, 那么可以在一个节点内组织成流水线执行. 对于分区间有多对一的窄依赖关系的, 如 join, 可以在多个节点之间并行执行, 彼此之间不相互影响. 在容错恢复时, 只需重新获得或计算父 RDD 对应的分区, 即可恢复出错的子 RDD 分区. 对于宽依赖关系, 因为在计算子 RDD 时, 依赖父 RDD 的所有分区数据, 所以需要类似 Hadoop 中的数据 Shuffle 过程. 这就必然带来网络通信和中间结果缓存等一系列开销较大的问题. 同时, 在容错恢复时, 必须获得和计算全部父 RDD 的数据才能恢复, 其代价远大于窄依赖的恢复.

由于窄依赖和宽依赖在计算和恢复时存在巨大的差异, 因此 Spark 对解析出来的任务进行了规划, 将适合放在一起执行的任务合并到一个阶段. 这一过程由 DAGScheduler 实例完成. 划分的原则是如果子 RDD 和父 RDD 是窄依赖关系, 就将多个算子操作一起处理, 最后再进行一次统一的同步操作. 对于宽依赖关系, 则尽量划分到不同的阶段中, 以避免过大的网络开销和计算开销. 当应用程序向 Spark 提交作业后, DAGScheduler 遍历 RDD 有向无环图 DAG, 对遇到的连续窄依赖关系, 则尽量多地放在一个 Stage, 一旦遇到一个宽依赖关系, 则生成一个新的 Stage,

重复进行这一过程, 直到遍历完整个 RDD 有向无环图 DAG. 图 2.44 展示了这一划分过程.

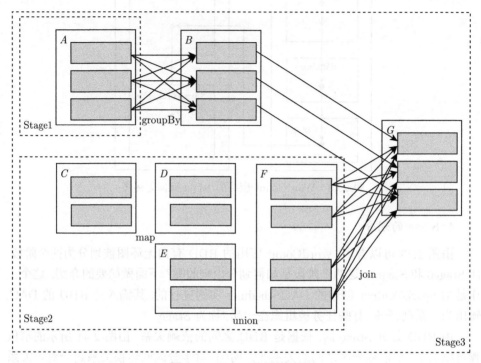

图 2.44　Stage 的划分过程

5. Spark 应用执行过程

　　Spark 应用执行过程的主要步骤如图 2.45 所示. 用户从客户端提交的应用程序包含一个主函数, 在主函数内实现 RDD 的创建、转换及存储等操作, 以完成用户的实际需求. 用户将 Spark 应用程序提交到集群. 集群收到用户提交的 Spark 应用程序后, 将启动 Driver 进程, 它负责响应执行用户定义的主函数. Driver 进程创建一个 SparkContext, 并与资源管理器通信进行资源的申请、任务的分配和监控. 资源管理器为 Executor 分配资源, 并启动 Executor 进程. 同时, SparkContext 根据 RDD 的依赖关系构建 DAG, 并提交给 DAGScheduler 解析成 Stage, 然后把 TaskSet 提交给底层调度器 TaskScheduler 处理; Executor 向 SparkContext 申请 Task, TaskScheduler 将 Task 发放给 Executor 执行. Task 在 Executor 上执行, 把计算结果反馈给 TaskScheduler, 然后反馈给 DAGScheduler, 执行完毕后写入数据, 并释放所有资源.

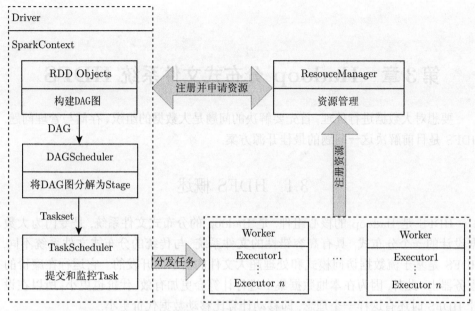

图 2.45  Spark 应用执行过程的主要步骤

在整个过程中, 有 3 个重要的步骤, 即生成 RDD 的过程、生成 Stage 的过程和生成 TaskSet 的过程.

这三个重要的步骤是前后相继的, 其关系如图 2.46 所示.

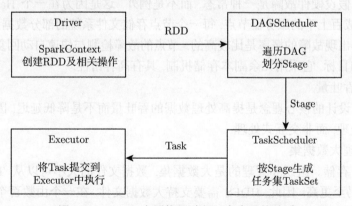

图 2.46  Spark 应用执行过程三个步骤的关系

# 第 3 章 Hadoop 分布式文件系统 HDFS

要想对大数据进行处理, 首先要解决的问题是大数据的组织、存储与管理问题, HDFS 是目前解决这一问题的最佳开源方案.

## 3.1 HDFS 概述

HDFS 是 Hadoop 的核心组件, 是 Hadoop 的分布式文件系统, 是专门为大数据设计的一个分布式, 具有高容错性的文件系统. 与传统的分布式文件系统不同, HDFS 是基于流数据访问模式和处理超大文件的需求而开发的. 它运行在廉价的服务器上. 此外, 因为在本地数据集上进行计算会更加有效, 代价也更小, 所以在设计 HDFS 时还有这样一个理念, 即移动计算比移动数据代价更小.

### 3.1.1 HDFS 的优势

HDFS 的设计目标和理念决定了它具有以下几方面的优势.

(1) 高容错性

HDFS 假设硬件故障是一种常态, 而不是例外. 这是因为在一个 Hadoop 集群中, 可能有成百上千的服务器节点, 每一个节点存储文件系统的部分数据, 所以集群中的服务器出现故障的概率是比较高的. 节点的故障检测与快速自动回复是 HDFS 的核心架构目标, 它采用冗余副本存储机制, 具有高容错性.

(2) 高吞吐量

HDFS 设计的核心理念是提高处理数据的吞吐量而不是降低延迟, 因此更适合数据的批处理, 而非交互式处理.

(3) 处理大数据集

HDFS 存储、组织和管理的是大数据集, 数据文件的大小可以从 TB 量级到 PB 量级, 乃至更高. 因此, HDFS 需要支持大数据文件, 在一个由数百个节点组成的集群中, 可以支持数以千万这样的文件.

(4) 简单的一致性模型

HDFS 采用一次写入多次读取的简单模型, 一个文件一旦创建, 写入磁盘并关闭后, 除追加和截断操作外, 不允许别的更新操作. HDFS 允许在文件尾追加数据, 但不允许在任意点更新文件. 这样就可以简化数据一致性问题, 并可实现高吞吐量的数据访问.

(5) 可移植性

HDFS 的设计理念是易于从一种平台移植到另一种平台, 具有良好的跨异构软硬件平台的可移植性. 这可以极大地方便不同平台用户在 Hadoop 上部署各种大数据应用.

### 3.1.2 HDFS 的局限性

从辩证的角度来看, HDFS 的设计目标和理念也决定了它具有以下几方面的局限性.

① 不适合处理低延迟数据访问. HDFS 是 Hadoop 的核心组件, 而 Hadoop 采用批处理方式处理大数据. 这就决定了它具有较高的时间延迟, 因此 HDFS 不适合低延迟大数据处理应用场景, 如流式大数据处理与分析.

② 无法高效地存储大量的小文件. 小文件是指小于 HDFS 数据块大小的文件. 大量的小文件会严重影响 Hadoop 系统的性能. 这是因为 HDFS 的 NameNode 节点把文件系统的元数据放置在内存中, 如果小文件太多, 元数据就会很多, NameNode 的负荷也会加重, 检索处理元数据所需的时间会很长.

③ 不支持多用户写入及任意修改文件. HDFS 采用一次写入多次读取的方式访问数据, 不支持多用户写入及任意修改文件.

## 3.2 HDFS 的系统结构

HDFS 是一个建立在一组分布式服务器节点的本地 Linux 文件系统上的分布式文件系统 [52]. HDFS 采用主从结构, 如图 3.1 所示. 一个 HDFS 有一个主节点 NameNode 和一组从节点 DataNode.

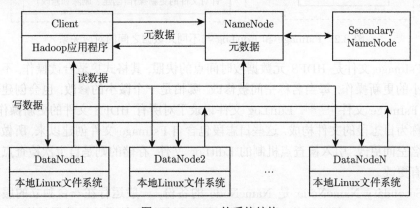

图 3.1 HDFS 的系统结构

NameNode 运行在主服务器上, 管理文件系统名称空间和元数据, 并控制客户端对文件的访问. NameNode 管理的元数据包括名称空间 (目录结构)、数据块与文件名的映射表、每一个数据块副本的位置信息. 此外, NameNode 执行 HDFS 的以下功能 [48].

① 执行所有的 HDFS 操作, 包括打开/关闭文件或目录.

② 映射数据块到数据节点.

③ 维护元数据, 例如文件的数据块副本放置、文件当前的状态及文件的访问控制信息等.

HDFS 文件系统元数据存储在两个文件中, 即 FsImage 和 EditLog. 它们由 NameNode 节点运行维护. 这两个文件与不同元数据之间的对应关系如图 3.2 所示.

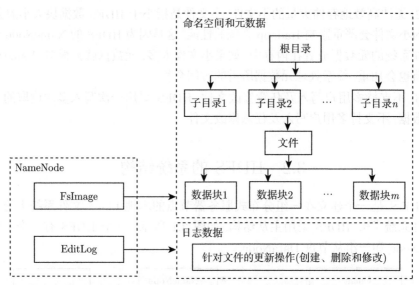

图 3.2　FsImage 和 EditLog 与不同元数据之间的对应关系

FsImage 文件是 HDFS 元数据按时间点的快照, 其格式更适合读操作, 不适合一些小的更新操作. 每当名称空间被修改, 哪怕是一个微小的修改, 也会创建一个新的 FsImage 文件 [43,48]. EditLog 文件记录了对所有 HDFS 文件的更新操作, 由一组称为日志段的文件构成. 这些日志段包含自 FsImage 文件创建以来, 所做的所有命名空间更改. 引入检查点机制的 EditLog 文件, 存储的则是自上次检查点以来的所有更改.

Secondary NameNode 是 NameNode 的备份, 一般运行在一台独立的服务器上, 与 NameNode 保持通信, 按一定的时间间隔保持文件系统元数据的快照, 以备 NameNode 发生故障时进行数据恢复.

Secondary NameNode 的工作过程包括以下步骤 [43].

① Secondary NameNode 会定期和 NameNode 通信, 请求其停止使用 EditLog 文件, 暂时将新的写操作写到一个新的文件 edit.new.

② Secondary NameNode 通过 HTTP GET 方式从 NameNode 上获取到 FsImage 和 EditLog, 并下载到本地的相应目录下.

③ Secondary NameNode 将下载的 FsImage 载入内存, 然后逐条执行 EditLog 中的各项更新操作, 使内存中的 FsImage 保持最新.

④ Secondary NameNode 通过 post 方式将更新的 FsImage 发送到 NameNode 节点.

⑤ NameNode 更新从 Secondary NameNode 接收到的 FsImage, 同时用 edit.new 替换 EditLog 文件.

需要注意的是, 在 Hadoop 1.0 中, Secondary NameNode 是 NameNode 的冷备份, 而不是热备份. 在 Hadoop 2.0 中, Secondary NameNode 是 NameNode 的热备份.

DataNode 是实际存储数据的节点, 而且是利用本地 Linux 文件系统管理和存储数据. NameNode 和 DataNode 的结合可以实现大数据的存储与管理. NameNode 的名称空间让用户的大数据可以文件的形式存储在 HDFS 中, 但文件被划分成若干块, 分布式地存储在不同的 DataNode 上. 数据块的大小默认为 64MBit. 为防止数据丢失, 每个数据块默认有 3 个副本, 而且 3 个副本存储在不同的数据节点上.

DataNode 的功能如下 [44].

① 保存数据块, 每个数据块对应一个元数据信息文件.

② 启动 DataNode 线程时, 向 NameNode 汇报数据块的信息.

③ 定时向 NameNode 发送心跳信号, 报告其状态. 如果 NameNode 长时间 (默认 10min) 没有收到 DataNode 的心跳信号, 则认为它已经丢失, 并将其上的数据块复制到其他 DataNode, 以保证复制因子数不变.

DataNode 定时和 NameNode 通信, 接收 NameNode 的指令. NameNode 不会主动发起到 DataNode 的请求. 它们严格遵从客户端/服务器架构的规范. DataNode 与 NameNode 通信的方式 [48] 如下.

① 初始化注册. 当 DataNode 启动或重启时, 向 NameNode 进行注册, 告知 NameNode, 它可以处理 HDFS 的读写操作.

② 周期性心跳. 所有的 DataNode 周期性地向 NameNode 发送心跳信息, 默认周期为 3s. 收到 DataNode 的心跳信息后, NameNode 便可以向 DataNode 发送操作命令, 如数据块复制、删除等. 如果 NameNode 长时间没有收到 DataNode 发来的心跳信号, 则向 DataNode 发送一个块请求. 如果 DataNode 长时间 (如 10min) 没有成功发送心跳信息, 那么 NameNode 会把该 DataNode 标记为死亡.

③ 周期性块报告. 默认情况下, 每个 DataNode 每小时向 NameNode 发送一次数据块报告. 通过块报告, 可以将 NameNode 上存在的副本信息与 DataNode 上的副本信息进行同步.

④ 完成副本写入. 成功写入数据块副本后, DataNode 会向 NameNode 发送信息.

如图 3.3 所示为 NameNode 与 DataNode 之间的通信情况.

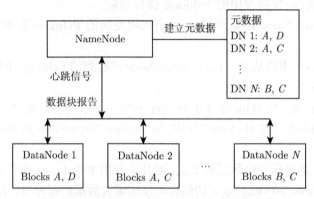

图 3.3  NameNode 与 DataNode 之间的通信

在 Hadoop 2.0 的高可用性配置中, 一个集群有一个 Active NameNode 和一个 Standby NameNode 同时运行. DataNode 同时向这两个 NameNode 发送块报告, 如图 3.4 所示. 这样, 当 Active NameNode 出现故障时, Standby NameNode 就能随时接管 Active NameNode, 提高系统的可用性.

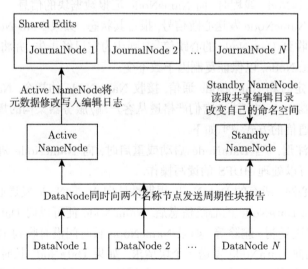

图 3.4  DataNode 同时向 Active NameNode 和 Standby NameNode 发送块报告

Client 是 HDFS 的使用者, 通过调用 HDFS API 对系统中的文件进行读写操作. 在进行读写操作时, Client 需要先从 NameNode 获得节点文件存储的元数据信息, 然后对相应的 DataNode 进行读写操作.

## 3.3 HDFS 的数据存储

### 3.3.1 数据块的存放策略

与传统的文件系统一样, 在 HDFS 中, 数据也是以文件的形式存储的, 只是文件要划分成若干个数据块, 并把数据块存储到不同的节点上, 默认数据块的大小为 64MBit. 为了保证系统的容错性和可用性, HDFS 采用多副本冗余存储方式, 通常一个数据块的多个副本会被存储到不同的数据节点上, 默认每个数据块冗余存储 3 份.

副本的放置对 HDFS 的可靠性和性能至关重要. 优化副本放置使 HDFS 区别于大多数其他分布式文件系统. 机架感知的副本放置策略的目的是提高数据的可靠性、可用性和网络带宽的利用率.

在由许多机架构成的集群中, 不同机架上两个节点之间的通信必须经过交换机. 在大多数情况下, 同一机架的节点之间的网络带宽大于不同机架节点之间的网络带宽.

一种简单但非最优的策略是将副本放在不同的机架上, 可以防止在某个或某几个机架发生故障时丢失数据, 并允许读取数据时使用多个机架的带宽. 这种策略在集群中均匀分布副本, 有利于某些组件失效情况下的负载均衡. 但是, 这个策略增加了写的成本, 因为写需要将块转移到多个机架.

常见的情况是复制因子等于 3, 即每个数据块冗余存储 3 份. 在这种情况下, HDFS 放置 3 个副本的策略是: 如果写请求是从本地集群某个 DataNode 发出的, 则将一个副本放置在该节点上. 否则, 随机选择一个 DataNode 放置一个副本. 另一个副本放置在不同机架 (或远程机架) 的一个节点上, 最后一个副本放置在同一个机架 (或同一远程机架) 的不同的节点上, 如图 3.5 所示. 这种策略可以减少机架间的写流量, 提高写的效率. 因为机架失效的概率远小于节点失效的概率, 所以这种策略一般不会影响数据的可靠性和可用性. 然而, 这种策略确实减少了读取数据时使用的聚合网络带宽, 因为数据块放在两个而不是三个机架上. 使用这种策略, 文件的副本不会均匀地分布在不同的机架上. 一般地, 三分之一的副本在一个节点上, 三分之二的副本在另一个机架上, 另外三分之一的副本均匀地分布在剩余的机架上. 该策略在不影响数据可靠性或读取性能的情况下, 可以提高写的性能.

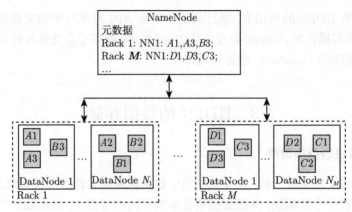

图 3.5　HDFS 数据块的机架感知存放策略

如果复制因子大于 3, 则随机确定第 4 个和后面副本的放置位置, 同时保持每个机架的副本数量低于上限 ReplicaUpper. 该上限由式 (3.1) 确定, 即

$$\text{ReplicaUpper} = \frac{\text{replicas} - 1}{\text{racks} + 2} \tag{3.1}$$

其中, replicas 为副本数; racks 为机架数.

因为 NameNode 不允许 DataNode 具有相同块的多个副本, 所以创建的最大副本数量是当时的 DataNode 总数.

这种多副本存储方式具有以下优点.

① 加快数据传输速度. 当有多个客户端同时访问同一个数据块时, 如果没有冗余存储, 那么就会引起资源竞争; 如果有冗余备份, 那么就可以并发访问, 加快数据传输速度.

② 容易检查数据错误. 多副本存储, 可以相互参照, 容易检查数据错误.

③ 保证数据的可靠性. 因为有多个副本, 所以当有个别副本出现问题时, 还有其他的副本可以保证数据的可靠性.

### 3.3.2　数据的读取策略

为了最小化全局带宽消耗和读取延迟, 在读取数据时, HDFS 会优先选择距离发起读取请求的客户端最近的副本. 如果在与读取节点相同的机架上存在一个副本, 则首先选择该副本来满足读取请求. 如果 HDFS 集群跨越多个数据中心, 则首先选择本地数据中心的副本, 而不是任何远程副本. HDFS 是通过机架 ID 计算节点之间的距离.

Hadoop 提供 topology.py 脚本协助配置集群的机架感知策略. Hadoop 通过该脚本确定节点在机架的位置, 也可以通过编辑该脚本添加集群节点的 IP 地址. 执行这个脚本时, Hadoop 会得到一份机架名称列表. 为了让机架感知策略生效, 需要在 core-site.xml 文件中进行如下配置.

```
<property>
    <name>net.topology.cript.file.name</name>
    <value>/etc/hadoop/conf/topology.py</value>
</property>
```

默认情况下, 集群中的每个机架都有相同的 ID, 即 default-rack. 换句话说, 如果不设置 net.topology.cript.file.name 参数, Hadoop 将为机器所有节点返回一个默认值, 即 default-rack.

如果 Hadoop 管理员配置了 topology.py 脚本, 那么集群中的每个节点都会通过这个脚本找出它的机架 ID, 形式如下.

```
10.121.1.155,/rack01
10.121.1.156,/rack01
10.121.1.157,/rack02
10.121.1.158,/rack02
10.121.1.159,/rack02
10.121.1.160,/rack03
10.121.1.161,/rack03
10.121.1.162,/rack03
10.121.1.163,/rack03
```

通过带参数-printTopology 的命令 dfsadmin 也可以查看集群的机架信息, 执行命令 $hdfs dfsadmin-printTopology, 展示的信息如下.

```
Rack: /prod01
    10.121.1.155:50010 (prod01node01)
    10.121.1.156:50010 (prod01node02)
Rack: /prod02
    10.121.1.157:50010 (prod02node01)
    10.121.1.158:50010 (prod02node02)
    10.121.1.159:50010 (prod02node03)
Rack: /prod03
    10.121.1.160:50010 (prod03node01)
    10.121.1.161:50010 (prod03node02)
```

10.121.1.162:50010 (prod03node03)

10.121.1.163:50010 (prod03node04)

### 3.3.3　文件系统元数据的持久性

HDFS 的名称空间由 NameNode 存储. NameNode 使用名为 EditLog 的事务日志, 持久地记录文件系统元数据中发生的更改. 例如, 在 HDFS 中创建一个新文件, NameNode 会在 EditLog 中增加一条日志记录, 以备案这一操作. 类似地, 更改文件的复制因子会将一条新记录插入 EditLog. NameNode 使用本地主机 Linux 文件系统中的一个文件存储 EditLog. 整个文件系统名称空间包括块到文件的映射和文件系统属性, 都存储在一个名为 FsImage 的文件中. FsImage 作为文件存储在 NameNode 的本地 Linux 文件系统中.

NameNode 在内存中保存整个文件系统名称空间和文件块映射的映像. 当 NameNode 启动, 或者一个检查点被触发时, 它从磁盘读取 FsImage 和 EditLog, 将 EditLog 中的所有事务应用于 FsImage 的内存表示, 并将这个新版本刷新到磁盘的一个新 FsImage 中. 它可以截断旧的 EditLog, 因为其事务已应用于持久 FsImage. 这个过程称为检查点. 检查点的目的是通过获取文件系统元数据快照并将其保存到 FsImage, 以确保 HDFS 具有文件系统元数据的一致视图. 尽管读取 FsImage 是有效的, 但是直接对 FsImage 进行增量编辑是无效的. 我们不为每次编辑修改 FsImage, 而是将编辑保存在 Editlog 中. 在检查点期间, Editlog 中的更改会用于 FsImage. 检查点可以在给定的时间间隔内触发, 时间间隔的值以秒为单位保存在参数 dfs.namenode.checkpoint.period 中, 或者在积累了给定数量的文件系统事务后触发, 事务数量阈值保存在参数 dfs.namenode.checkpoint.txns 中. 如果这两个参数的值都设置了, 则要到达第一个阈值才会触发检查点.

DataNode 将 HDFS 数据存储在本地 Linux 文件系统中, DataNode 不知道 HDFS 文件的存在. 它将每个 HDFS 数据块存储在本地文件系统的一个单独的文件中. DataNode 不会在同一个目录中创建所有文件. 相反, 它使用一种启发方式确定每个目录的最优文件数量, 并适当地创建子目录. 在同一个目录中创建所有本地文件不是最优的, 因为本地文件系统可能无法有效地支持单个目录中的大量文件. 当 DataNode 启动时, 它扫描本地文件系统, 生成与每个本地文件对应的数据块的列表, 并将该报告发送给 NameNode, 称为 Blockreport.

### 3.3.4　HDFS 的鲁棒性

HDFS 的主要目标是出现故障时也能可靠地存储数据. 常见的三种故障类型包括 NameNode 故障、DataNode 故障和网络故障.

### 1. 数据磁盘故障、心跳和重新复制

每个 DataNode 定期向 NameNode 发送心跳消息. 网络划分可能导致若干个 DataNode 与 NameNode 失去连接. NameNode 通过没有收到心跳消息检测这种情况的发生, 将没有最近心跳的 DataNode 标记为死节点, 并且不向它们转发任何新的输入/输出 (I/O) 请求. 已注册到死 DataNode 的任何数据对 HDFS 来说, 都不再是可用的. DataNode 的死亡可能导致某些块的复制因子低于指定值. NameNode 不断跟踪需要复制的块, 并在必要时启动复制. 重新复制的必要性可能由许多原因引起, 例如, DataNode 可能不可用, 副本可能损坏, DataNode 上的硬盘可能失败, 文件的复制因子可能增加.

标记 DataNode 死亡的时间间隔比较长 (默认 10min). 这是为了避免 DataNode 状态抖动引起的复制风暴. 用户可以设置更短的间隔, 将 DataNode 标记为陈旧的节点, 并避免在旧的 DataNode 上进行读写.

### 2. 集群再平衡

HDFS 的结构与数据再平衡方案是兼容的, 如果 DataNode 上的空闲空间低于某个阈值, 则方案可能自动将数据从一个 DataNode 移动到另一个 DataNode.

### 3. 数据完整性

DataNode 获取的数据块可能损坏. 这种损坏可能是由存储设备、网络故障或有 bug 的软件中的错误造成的. HDFS 客户机实现对 HDFS 文件内容的校验和检查, 当客户机创建 HDFS 文件时, 它计算该文件每个块的校验和, 并将这些校验和存储在相同 HDFS 名称空间的一个单独的隐藏文件中. 当客户机检索文件内容时, 验证从每个 DataNode 接收到的数据是否与存储在关联校验文件中的匹配. 如果不匹配, 则客户机文件从具有该块副本的另一个 DataNode 检索该数据块.

### 4. 元数据磁盘故障

FsImage 和 EditLog 是 HDFS 的两个中心数据结构文件. 这两个文件损坏会导致 HDFS 不可用, 因此可以将 NameNode 配置为支持 FsImage 和 EditLog 多副本的结构. 对 FsImage 或 EditLog 的任何更新都会导致同步更新每个 FsImage 和 EditLog. FsImage 和 EditLog 的多副本同步更新可能会降低 NameNode 每秒可以支持的名称空间事务的速度. 这种降低是可以接受的, 虽然 HDFS 应用程序本质上是数据密集型的, 但它们不是元数据密集型的. 当 NameNode 重新启动时, 它选择使用最新一致的 FsImage 和 EditLog.

提高故障恢复能力的另一个选择是使用 HDFS 的高可用性. 这是 HDFS V2.0 新增加的功能, 通过使用多个 NameNode (NFS 上的共享存储) 或分布式编辑日志

启用高可用性. 限于篇幅, 关于高可用性的详细内容, 有兴趣的读者可参考 Hadoop 的官网介绍①,②.

5. 快照

快照支持特定时刻存储数据的副本. 快照的一种用法可将损坏的 HDFS 实例回滚到以前一个好的时间点.

# 3.4　访问 HDFS

我们可以通过多种方式访问 HDFS. 常用的一种方式是通过文件系统 Shell 访问 HDFS, 另一种方式是通过文件系统 Java API 访问 HDFS.

## 3.4.1　通过文件系统 Shell 访问 HDFS

文件系统 (file system, FS) shell 包含各种与 shell 类似的命令, 这些命令直接与 HDFS 和 Hadoop 支持的其他文件系统 (如本地 FS、HFTP FS、S3 FS 等) 进行交互. 调用 FS shell 的方法为

　　　　bin/hadoop fs <args>

所有的 FS shell 命令都以路径统一资源标识符 (universal resource identifier, URI) 作为参数. URI 格式是 scheme://authority/path. 对于 HDFS, scheme 就是 hdfs. 对于本地 FS, scheme 就是 file. scheme 和 authority 是可选的, 如果没有指定, 则使用配置中指定的默认 scheme. 一个 HDFS 文件或目录, 如/parent/child, 可被指定为"hdfs://namenodehost/parent/child"或简单的如"/parent/child "(假设配置设置为指向 hdfs://namenodehost).

FS shell 中的大多数命令与相应的 Linux 命令相似. 如果使用 HDFS, 那么 hadoop fs 与 hdfs dfs 是一样的. 下面介绍一些常用的 FS shell 命令, 更多的内容读者可参考 Hadoop 官网③.

(1) cat 命令

格式: hadoop fs -cat [-ignoreCrc] URI [URI ...].

功能: 拷贝源 URI 到标准的输出 (stdout).

参数: -ignoreCrc 指忽略校验和.

例子: hadoop fs -cat hdfs://nn1.example.com/file1 hdfs://nn2.example.com/file2.

---

① http://hadoop.apache.org/docs/stable/hadoop-project-dist/hadoop-hdfs/HDFSHighAvai lability WithQJM.html

② https://hadoop.apache.org/docs/stable/hadoop-project-dist/hadoop-hdfs/HDFSHighAvaila bility WithNFS.html

③ http://hadoop.apache.org/docs/stable/hadoop-project-dist/hadoop-common/FileSystemSh ell.html

(2) chgrp 命令

格式: hadoop fs -chgrp [-R] GROUP URI [URI ...].

功能: 更改文件所属的组. 用户必须是文件的所有者, 或者是超级用户.

参数: 如果使用参数-R, 则操作对整个目录结构递归执行.

例子: hadoop fs -chgrp -R group1 hdfs://nn1.example.com/file1.

(3) chmod 命令

格式: hadoop fs -chmod [-R] <MODE[,MODE]...|OCTALMODE> URI [URI ...].

功能: 更改文件的权限. 用户必须是文件的所有者, 或者是超级用户.

参数: 如果使用参数-R, 则操作对整个目录结构递归执行. MODE 是一个 3 位的八进制数, 或者是 {augo}+/-{rwxX}. u 表示拥有者, g 表示与拥有者属于同一个群体者, o 表示其他以外的人, a 表示这三者皆是. + 表示增加权限, - 表示取消权限. r 表示可读取, w 表示可写入, x 表示可执行, X 表示只有当该文件是子目录或者该文件已经被设定为可执行.

例子: hadoop fs -chmod -R ugo+x hdfs://nn1.example.com/file1.

(4) chown 命令

格式: hadoop fs -chown [-R] [OWNER][:[GROUP]] URI [URI].

功能: 更改文件的所有者, 用户必须是超级用户.

参数: 如果使用参数-R, 则操作对整个目录结构递归执行.

例子: hadoop fs -chown user1 hdfs://nn1.example.com/file1.

(5) copyFromLocal 命令

格式: hadoop fs -copyFromLocal <localsrc> URI.

功能: 从本地复制文件到 HDFS 中.

例子: hadoop fs -copyFromLocal localf1 hdfs://nn1.example.com/file1.

(6) copyToLocal 命令

格式: hadoop fs -copyToLocal [-ignorecrc] [-crc] URI <localdst>.

功能: 从 HDFS 复制文件到本地.

参数: -ignorecrc 忽略文件校验, -crc 校验并复制校验文件.

例子: hadoop fs -copyToLocal hdfs://nn1.example.com/file1 localf1.

(7) count 命令

格式: hadoop fs -count [-q] <paths>.

功能: 统计目录下的子目录数、文件数、占用字节数.

参数: -q 显示目录的空间配额数.

例子: hadoop fs -count -q hdfs://nn1.example.com/file1.

(8) cp 命令

格式: hadoop fs -cp [-f] [-p|-p[topax]] URI [URI ...] <dest>.

功能: 将文件从源复制到目标, 允许多个源, 但在这种情况下, 目标必须是一个目录.

参数: -f 有此选项, 如果目标已经存在, 则覆盖目标; -p 有此选项, 则保存文件属性.

例子: hadoop fs -cp /user/hadoop/file1/user/hadoop/file2.

(9) du 命令

格式: hadoop fs -du URI [URI ...].

功能: 显示文件的大小和给定目录中包含的目录.

例子: hadoop fs -du /user/hadoop/dir1/user/hadoop/file1hdfs://nn.example.com/user/hadoop/dir1.

(10) find 命令

格式: hadoop fs -find <path> ... <expression> ....

功能: 查询匹配给定表达式的所有文件.

例子: hadoop fs -find/-name test -print.

(11) get 命令

格式: hadoop fs -get [-ignorecrc] [-crc] [-p] [-f] <src> <localdst>.

功能: 从 HDFS 复制文件到本地.

参数: -ignorecrc 忽略文件校验, -crc 校验并复制校验文件; -f 有此选项, 如果目标已经存在, 则覆盖目标; -p 保留访问和修改时间、所有权和权限.

例子: hadoop fs -get hdfs://nn.example.com/user/hadoop/file localfile.

(12) getmerge 命令

格式: hadoop fs -getmerge [-nl] <src> <localdst>.

功能: 将多个文件合并为一个文件, 并复制到本地.

参数: -nl 选项在文件尾加一个换行符.

例子: hadoop fs -getmerge -nl/src/file1.txt/src/file2.txt/output.txt.

(13) ls 命令

格式: hadoop fs -ls [-C] [-d] [-R] [-t] [-S] <args>.

功能: 列出文件和子目录, 显示文件 (目录) 名、权限、所属用户、所属组、大小、修改时间及副本数.

参数: 如果使用参数-R, 则操作对整个目录结构递归执行; -C 仅显示文件路径和目录; -d 目录以普通文件的形式列出; -t 根据修改时间对输出排序; -S 按文件大小排序.

例子: hadoop fs -ls /user/hadoop/file1.

(14) mkdir 命令

格式: hadoop fs -mkdir [-p] <paths>.

功能: 以 URI 作为参数创建目录.

参数: -p 沿着路径创建父目录.

例子: hadoop fs -mkdir /user/hadoop/dir1/user/hadoop/dir2.

(15) mv 命令

格式: hadoop fs -mv URI [URI ...] <dest>.

功能: 将文件从源路径移动到目标路径.

例子: hadoop fs -mv /user/hadoop/file1/user/hadoop/file2.

(16) put 命令

格式: hadoop fs -put [-f] [-p] [ -|<localsrc1> .. ]. <dst>.

功能: 将文件或目录从本地移动复制到 HDFS.

参数: -f 有此选项, 如果目标已经存在, 则覆盖目标; -p 沿着路径创建父目录.

例子: hadoop fs -put -f localfile1 localfile2/user/hadoop/hadoopdir.

(17) rm 命令

格式: hadoop fs -rm [-f] [-R] [-skipTrash] [-safely] URI [URI ...].

功能: 删除文件或目录.

参数: -f 有此选项, 如果目标已经存在, 则覆盖目标; -skipTrash 不放入回收站直接删除; -safely 放入回收站.

例子: hadoop fs -rm hdfs://nn.example.com/file/user/hadoop/emptydir.

(18) rmdir 命令

格式: hadoop fs -rmdir URI [URI ...].

功能: 删除目录.

例子: hadoop fs -rmdir/user/hadoop/emptydir.

(19) setrep 命令

格式: hadoop fs -setrep [-R] [-w] <numReplicas><path>.

功能: 更改文件的复制因子.

参数: -R 向后兼容; -w 请求命令等待复制完成.

例子: hadoop fs -setrep -w 3/user/hadoop/dir1.

(20) stat 命令

格式: hadoop fs -stat [format] <path> ....

功能: 显示文件和目录的统计信息.

例子: hadoop fs -stat type:.

(21) test 命令

格式: hadoop fs -test -[defsz] URI.

功能: 检查文件和目录.

参数: -d 如果路径是目录, 则返回 0; -e 如果路径存在, 则返回 0; -f 如果路径是一个文件, 则返回 0; -s 如果路径非空, 则返回 0; -z 如果文件长度为 0, 则返回 0.

例子: hadoop fs -test -e filename.

(22) text 命令

格式: hadoop fs -text <src>.

功能: 显示文件的文本内容.

例子: hadoop fs -text/user/hadoop/file1.

(23) truncate 命令

格式: hadoop fs -truncate [-w] <length><paths>.

功能: 将与指定文件模式匹配的所有文件截断为指定长度.

参数: -w 如果需要的话, 请求命令等待块恢复完成.

例子: hadoop fs -truncate -w 127 hdfs://nn1.example.com/user/hadoop/file1.

### 3.4.2　通过文件系统 Java API 访问 HDFS

Hadoop 提供了丰富的文件操作 API[①], 用于访问 HDFS. Hadoop 提供的大部分文件操作 API 都位于 org.apache.hadoop.fs 这个包中, 几乎支持所有的文件操作, 包括创建、打开、读取、写入、关闭等. 在 Hadoop 中, 基本上所有的文件操作 API 都来自 FileSystem 类, 它是一个文件系统抽象类, 可以通过定义其派生类来处理具体的文件系统, 如 HDFS 等. 使用文件系统 API 对 HDFS 中的文件进行操作大致可分为两步.

① 获取指定对象的文件系统实例, 即 FileSystem 实例.

② 调用文件系统 API, 对文件实例进行操作.

获取文件系统实例可以通过下面两条语句实现, 即

Configuration conf = new Configuration();

FileSystem fs = FileSystem.get(conf);

第一条语句的功能是配置 HDFS 的使用环境, 它定义了一个 Configuration 类型的对象 conf. 创建对象 conf 时, Configuration 类的构造函数会加载 hdfs-site.xml 和 core-site.xml 这两个配置文件. 这两个文件中有访问 HDFS 所需的参数. Hadoop 通过这些参数配置 HDFS 运行环境, 如输入路径、输出路径等. 第二条语句定义了一个文件系统实例, 为 HDFS 的使用做好了准备.

Hadoop 的文件系统包 org.apache.hadoop.fs 包含 13 个接口、33 个类. 常用的类有 FileSystem、FSDataInputStream、FSDataOutputStream、LocalFileSystem、FSInputStream、FileStatus、Path. 在介绍如何通过文件系统 API 访问 HDFS 之前, 我们先介绍一些常用的 API 函数.

---

① http://hadoop.apache.org/docs/current/api/

(1) open 函数

该函数是 FileSystem 类的成员函数. 在 FileSystem 类中, 有 2 个 open 重载函数, 第 1 个 open 函数的原型为

FSDataInputStream open(Path f) 其功能是在指定的路径 f 打开一个 FSDataInputStream 类对象.

第 2 个 open 函数的原型为

abstract FSDataInputStream open(Path f,int bufferSize) 其功能是在指定的路径 f 打开一个 FSDataInputStream 类对象, 并由参数 bufferSize 指定缓冲区的大小.

(2) create 函数

该函数是 FileSystem 类的成员函数. 在 FileSystem 类中, 有 13 个 create 重载函数, 这 13 个函数的原型及其功能列于表 3.1 中.

(3) copyFromLocalFile 函数

该函数是 FileSystem 类的成员函数. 在 FileSystem 类中, 有 4 个 copyFromLocalFile 重载函数, 这 4 个函数的原型及其功能列于表 3.2 中.

(4) copyToLocalFile 函数

该函数是 FileSystem 类的成员函数. 在 FileSystem 类中, 有 3 个 copyToLocalFile 重载函数, 这 3 个函数的原型及其功能列于表 3.3 中.

(5) get 函数

该函数是 FileSystem 类的成员函数. 在 FileSystem 类中, 有 3 个 get 重载函数, 这 3 个函数的原型及其功能列于表 3.4 中.

(6) getUri 函数

该函数是 FileSystem 类的成员函数, 其原型为

abstract URI getUri()

其功能是返回一个标识 FileSystem 实例的 URI.

(7) getHomeDirectory 函数

该函数是 FileSystem 类的成员函数, 其原型为

Path getHomeDirectory()

其功能是返回当前用户的主目录.

(8) getFileStatus 函数

该函数是 FileSystem 类的成员函数, 其原型为

abstract FileStatus getFileStatus(Path f)

其功能是返回参数 f 指定的文件的状态. 需要注意的是, 在 Linux 中, 路径 (或目录) 也是文件. 文件状态包括是否是目录、复制因子、块的大小等内容.

**表 3.1　FileSystem 类中重载的 13 个 create 函数**

| 编号 | 函数的原型 | 函数的功能 |
| --- | --- | --- |
| 1 | static FSDataOutputStream create(FileSystem fs, Path file, FsPermission permission) | 用给定的参数 permission 创建一个文件 |
| 2 | FSDataOutputStream create(Path f) | 在指定的路径创建一个 FSDataOutput-Stream 对象 |
| 3 | FSDataOutputStream create(Path f, boolean overwrite) | 除第 2 个 create 函数的功能外, 增加了通过参数 overwrite 的值决定是否覆盖重写 |
| 4 | FSDataOutputStream create(Path f, boolean overwrite, int bufferSize) | 除第 3 个 create 函数的功能外, 增加了通过参数 bufferSize 指定缓存的大小 |
| 5 | FSDataOutputStream create(Path f,boolean overwrite,int bufferSize, Progressable progress) | 除第 4 个 create 函数的功能外, 增加通过参数 progress 指定写的进度 |
| 6 | FSDataOutputStream create(Path f, boolean overwrite, int bufferSize, short replication, long blockSize) | 除第 5 个 create 函数的功能外, 增加了通过参数指定复制因子和参数 blockSize 指定数据块大小 |
| 7 | FSDataOutputStream create(Path f, boolean overwrite, int bufferSize, short replication, long blockSize, Progressable progress) | 除第 6 个 create 函数的功能外, 增加了通过参数 progress 指定写的进度 |
| 8 | abstract FSDataOutputStream create(Path f, FsPermission permission, boolean overwrite, int bufferSize, short replication, long blockSize, Progressable progress) | 除第 7 个 create 函数的功能外, 增加了通过参数 permission 指定操作权限 |
| 9 | FSDataOutputStream create(Path f, FsPermission permission, EnumSet<CreateFlag> flags, int bufferSize, short replication, long blockSize, Progressable progress) | 除第 8 个 create 函数的功能外, 通过参数 flags 指定文件创建语义 |
| 10 | FSDataOutputStream create(Path f, FsPermission permission, EnumSet<CreateFlag> flags, int bufferSize, short replication, long blockSize, Progressable progress, org.apache.hadoop.fs.Options.ChecksumOpt checksumOpt) | 除第 9 个 create 函数的功能外, 通过参数 checksumOpt 增加了校验和 |
| 11 | FSDataOutputStream create(Path f, Progressable progress) | 在指定路径创建文件, 通过参数 progress 指定写的进度 |
| 12 | FSDataOutputStream create(Path f, short replication) | 在指定路径创建文件, 通过参数 replication 指定复制因子 |
| 13 | FSDataOutputStream create(Path f, short replication, Progressable progress) | 在指定路径创建文件, 通过参数 replication 指定复制因子, 通过参数 progress 指定写的进度 |

**表 3.2 FileSystem 类中重载的 4 个 copyFromLocalFile 函数**

| 编号 | 函数的原型 | 函数的功能 |
|---|---|---|
| 1 | void copyFromLocalFile(boolean delSrc, boolean overwrite, Path[ ] srcs, Path dst) | 将本地目录列表 srcs 中的文件复制 (或上传) 到 HDFS 上的目的目录 dst 中. 参数 delSrc 的值决定是否要删除本地文件或目录, 如果为 true, 就相当于剪切; 如果待上传的本地文件或目录在目标路径已经存在, 参数 overwrite 的值决定是否覆盖 |
| 2 | void copyFromLocalFile(boolean delSrc, boolean overwrite, Path src, Path dst) | 该函数的功能和第 1 个 copyFromLocalFile 函数的功能类似, 只是第 3 个参数不再是一个目录列表, 而是一个目录 |
| 3 | void copyFromLocalFile(boolean delSrc, Path src, Path dst) | 该函数的功能和第 2 个 copyFromLocalFile 函数的功能类似, 只是没有第 2 个参数 overwrite |
| 4 | void copyFromLocalFile(Path src, Path dst) | 该函数的形式最简单, 其功能和第 3 个 copy-FromLocalFile 函数的功类似, 只是没有第 1 个参数 overwrite |

**表 3.3 FileSystem 类中重载的 3 个 copyToLocalFile 函数**

| 编号 | 函数的原型 | 函数的功能 |
|---|---|---|
| 1 | void copyToLocalFile(boolean delSrc, Path src, Path dst) | 把 HDFS 目录 src 中的文件复制到本地的目的目录 dst 中, 参数 delSrc 的功能同上 |
| 2 | void copyToLocalFile(boolean delSrc, Path src, Path dst, boolean useRawLocalFileSystem) | 该函数的功能和第 1 个 copyToLocalFile 函数的功能类似, 只是多了一个参数 useRawLocal-FileSystem, 用于指定是否开启文件校验 |
| 3 | void copyToLocalFile(Path src, Path dst) | 该函数的形式最简单, 只有 2 个参数, 其功能和第 2 个 copyToLocalFile 函数的功能类似 |

**表 3.4 FileSystem 类中重载的 3 个 get 函数**

| 编号 | 函数的原型 | 函数的功能 |
|---|---|---|
| 1 | static FileSystem get(Configuration conf) | 根据参数 conf 指定的环境配置, 获得 FileSystem 的一个实例 |
| 2 | static FileSystem get(URI uri, Configuration conf) | 根据参数 uri 和参数 conf 指定的环境配置, 获得 FileSystem 的一个实例 |
| 3 | static FileSystem get(URI uri, Configuration conf, String user) | 根据参数 uri 和参数 conf 指定的环境配置及参数 user 指定的用户, 获得 FileSystem 的一个实例 |

(9) concat 函数

该函数是 FileSystem 类的成员函数. 其原型为

void concat(Path trg, Path[ ] psrcs)

其功能是将两个已经存在的文件连接在一起.

(10) close 函数

该函数是 FileSystem 类的成员函数. 其原型为

void close()

其功能是关闭文件系统实例.

(11) read 函数

该函数是 FSDataInputStream 类的成员函数. 在 FSDataInputStream 类中, 有 4 个 read 重载函数, 如表 3.5 所示.

表 3.5　FSDataInputStream 类中重载的 4 个 read 函数

| 编号 | 函数的原型 | 函数的功能 |
|---|---|---|
| 1 | int read(ByteBuffer buf) | 将 buf.remaining() 确定的字节数读到 buf 指定的缓冲区中 |
| 2 | ByteBuffer read(ByteBufferPool bufferPool, int maxLength) | 从输入流中读取 maxLength 长度的数据到 ByteBuffer 中 |
| 3 | ByteBuffer read(ByteBufferPool bufferPool,int maxLength, EnumSet¡ReadOption¿ opts) | 从输入流中读取 maxLength 长度的数据到 ByteBuffer 中, 参数 opts 指定数据的读取方式, 如参数值为 SKIP_CHECKSUMS, 则跳过文件检验 |
| 4 | int read(long position, byte[ ] buffer, int offset, int length) | 从输入流的指定 position 处, 读取至多为 length 字节的数据, 放入缓冲区 buffer 的指定偏离量 offset 处 |

(12) write 函数

该函数是 DataOutputStream 类的成员函数, 在 DataOutputStream 类中, 有 2 个 write 重载函数.

第 1 个 write 重载函数的原型为

void write(byte[ ] b,int off,int len)

其功能是将 b 指定的字节数组中的数据, 从 off 开始的 len 个字节写入输出流.

第 2 个 write 重载函数的原型为

void write(int b)

其功能是将 b 指定的字节数写入输出流.

下面通过一个例子介绍如何通过文件系统 API 访问 HDFS. 使用文件系统 API 函数将一个大数据文件 GaussInput.txt 读入 HDFS, 在各个节点按第一个属性由小到大并行排序, 将排序的结果输出到一个名字为 GaussOutput.txt 的新文件中.

GaussInput.txt 中存储了 120 万个服从 2 维高斯分布的数据点. 这些数据点分

为 3 类, 每类服从一个高斯分布且包含 40 万个点. 概率分布如下, 即

$$p(\boldsymbol{x}|\omega_1) \sim N(\boldsymbol{0}, \boldsymbol{I})$$
$$p(\boldsymbol{x}|\omega_2) \sim N\left((1,1)^{\mathrm{T}}, \boldsymbol{I}\right)$$
$$p(\boldsymbol{x}|\omega_3) \sim \frac{1}{2} N\left((0.5, 0.5)^{\mathrm{T}}, \boldsymbol{I}\right) + \frac{1}{2} N\left((-0.5, 0.5)^{\mathrm{T}}, \boldsymbol{I}\right)$$

其中, $\boldsymbol{0} = \begin{bmatrix} 0 \\ 0 \end{bmatrix}$; $\boldsymbol{I} = \begin{bmatrix} 1 & 1 \\ 1 & 1 \end{bmatrix}$.

为了完整性, 这里给出实现这个例子的完整的 Hadoop MapReduce 程序. 该程序包含 4 个 Java 应用程序, 即 HdfsUtil.java、Instance.java、MRSortData.java 和 SortMain.java. HdfsUtil.java 中包含使用 HDFS Java API 上传和下载文件的方法. Instance.java 实现 Hadoop 的序列化和比较器. 它将待排序文件的每一行都实例化为该类对象. MRSortData 对 Instance 对象进行排序. SortMain.java 是主程序入口. 读者只需关注 HdfsUtil.java, 它实现了把本地文件 GaussInput.txt 读入 HDFS, 完成排序后, 把排序结果从 HDFS 保存到本地文件 GaussOutput.txt 中. 其他 3 个 Java 应用程序学完下一章内容后, 很容易理解. 下面是 4 个 Java 应用程序的源代码.

源程序文件 HdfsUtil.java

```java
package sortData;
import org.apache.hadoop.fs.*;
import org.apache.hadoop.io.IOUtils;
import java.io.File;
import java.io.FileInputStream;
import java.io.FileOutputStream;
public class HdfsUtil{
    /*
     * 本地文件上传至HDFS
     * @param localPath 本地文件路径;
     * @param targetPath 上传文件路径(HDFS路径);
     * @param fs HDFS客户端;
     * @throws Exception
     */
    public static void upLoad(Path localPath, Path targetPath,
        FileSystem fs)
            throws Exception {
        FSDataOutputStream out = null;
        FileInputStream in = null;
```

```
            if (fs.exists(targetPath)) {
                fs.delete(targetPath, true);
            }
            out = fs.create(targetPath);
            in = new FileInputStream(localPath.toString());
            IOUtils.copyBytes(in, out, 128);
            in.close();
            out.close();
    }
    /*
     * 将HDFS上的文件下载至本地文件系统;
     * @param sourcePath HDFS文件路径;
     * @param file 本地文件路径;
     * @param fs HDFS客户端;
     * @throws Exception
     */
    public static void downLoad(Path sourcePath, File file,
        FileSystem fs)
            throws Exception {
        FSDataInputStream in=null;
        FileOutputStream out=null;
        int index = 1;
        while (file.exists()){// 如果存在同名文件, 先删除;
            if (!file.delete()) {// 如果删除失败, 则文件名改为:
                                 // 原文件名(index);
                file = new File(file.toString() + "(" + index
                    ++ + ")");
            }
        }
        // 遍历输出路径中的所有文件内容;
        FileStatus[] fileList = fs.listStatus(sourcePath);
        for (FileStatus f: fileList) {
            if (f.isFile()) {
                in = fs.open(f.getPath());
                out = new FileOutputStream(file);
                IOUtils.copyBytes(in, out, 128);
            }
```

```
        }
        in.close();
        out.close();
    }
}
```

源程序文件 Instance.java

```java
package sortData;
import org.apache.hadoop.io.WritableComparable;
import java.io.DataInput;
import java.io.DataOutput;
import java.io.IOException;
import java.util.ArrayList;
import java.util.Objects;
/*
 * 将文件中的数据，封装成Instance对象，实现Hadoop的序列化和比较器;
 */
public class Instance implements WritableComparable {
    ArrayList <Double> value;
    public Instance(){
        value = new ArrayList <>();
    }
    public Instance(String line){
        String[] valueString = line.split(" ");
        value = new ArrayList <>();
        for(int i = 0; i < valueString.length; i++){
            value.add(Double.parseDouble(valueString[i]));
        }
    }
    /*
        根据第一个数值，比较两个对象;
        如果自己比其他对象小，则返回-1;
        否则，返回1;
        MapReduce在排序时会调用该方法来判断两个对象大小;
     */
    @Override
```

```java
public int compareTo(Object o) {
    Instance ins = (Instance)o;
    if (ins.value.get(0) > this.value.get(0)){
        return -1;
    }
    return 1;
}
/*
    write和readFields实现Hadoop的序列化功能;
    令该Instance类型能够当作MapReduce的key或value;
 */
@Override
public void write(DataOutput out) throws IOException {
    out.writeInt(value.size());
    for(int i = 0; i < value.size(); i++){
        out.writeDouble(value.get(i));
    }
}
@Override
public void readFields(DataInput in) throws IOException {
    int size = 0;
    value = new ArrayList<Double>();
    if((size = in.readInt()) != 0){
        for(int i = 0; i < size; i++){
            value.add(in.readDouble());
        }
    }
}
/*
    hashCode和equals用来判断两个对象是否相等;
 */
@Override
public boolean equals(Object o) {
    if (this == o) return true;
    if (o == null || getClass()!= o.getClass()) return false;
    Instance instance = (Instance) o;
    return Objects.equals(value, instance.value);
```

```
    }
    @Override
    public int hashCode() {
        return Objects.hash(value);
    }
    /*
        格式化输出该类对象，中间用空格分隔；
     */
    @Override
    public String toString() {
        String str = "";
        for (Double num:value) {
            str += " " + num;
        }
        return str.trim();
    }
}
```

源程序文件 MRSortData.java

```
package sortData;
import org.apache.hadoop.io.LongWritable;
import org.apache.hadoop.io.NullWritable;
import org.apache.hadoop.io.Text;
import org.apache.hadoop.MapReduce.Mapper;
import org.apache.hadoop.MapReduce.Reducer;
import java.io.IOException;
public class MRSortData {
    public static class SortMapper extends Mapper<LongWritable,
        Text, Instance, NullWritable>{
        @Override
        protected void map(LongWritable key, Text value, Context
            context)
                throws IOException, InterruptedException {
            Instance ins = new Instance(value.toString());
            context.write(ins, NullWritable.get());
        }
```

```
    }
    public static class SortReducer extends Reducer<Instance,
        NullWritable, Instance, NullWritable>{
        @Override
        protected void reduce(Instance ins, Iterable<NullWritable
            > values, Context context)
                throws IOException, InterruptedException {
            for (NullWritable e:values) {
                context.write(ins, NullWritable.get());
            }
        }
    }
}
```

源程序文件 SortMain.java

```
package sortData;
import org.apache.hadoop.conf.Configuration;
import org.apache.hadoop.fs.FileSystem;
import org.apache.hadoop.fs.Path;
import org.apache.hadoop.io.NullWritable;
import org.apache.hadoop.MapReduce.Job;
import org.apache.hadoop.MapReduce.lib.input.FileInputFormat;
import org.apache.hadoop.MapReduce.lib.output.FileOutputFormat;
import java.io.File;
/*
 * /qjx/sortData/" 为hdfs目录, 根据实际情况更改
 *   GaussInput.txt  //(待排序文件路径)
 * /qjx/sortData/GaussInput.txt  //(上传到HDFS的文件路径, 文件名可以自定义)
 * /qjx/sortData/output  //(MR任务输出路径为output, 可以自定义)
 * /GaussOutput.txt //(结果下载至本地文件路径, 文件名可以自定义)
 */
public class SortMain {
    public static void main(String[] args) throws Exception{
        if (args.length != 4) {
            System.err.println("localPath    targetPath
                outputPath resultLocalPath");
```

```
            System.exit(1);
    }
    // 获取HDFS客户端
    Configuration conf = new Configuration();
    FileSystem fs = FileSystem.get(conf);
    // 上传文件
    System.out.println("正在上传待排序文件.");
    Path loaclPath = new Path(args[0]);
    Path targetPath = new Path(args[1]);
    HdfsUtil.upLoad(loaclPath, targetPath, fs);
    System.out.println("上传完毕, 开始排序.");
    // 创建MR排序任务
    Job job = Job.getInstance(conf);
    job.setJarByClass(SortMain.class);
    job.setMapperClass(MRSortData.SortMapper.class);
    job.setMapOutputKeyClass(Instance.class);
    job.setMapOutputValueClass(NullWritable.class);
    job.setNumReduceTasks(1); // 因为要整体进行排序, 所以设置
        //reduce节点个数为1
    job.setReducerClass(MRSortData.SortReducer.class);
    job.setOutputKeyClass(Instance.class);
    job.setOutputValueClass(NullWritable.class);
    FileInputFormat.addInputPath(job, targetPath);
    Path outputPath = new Path(args[2]);
    FileOutputFormat.setOutputPath(job, outputPath);
    if (fs.exists(outputPath)) {// 判断MR任务输出路径是否存在, 如果
                               // 存在则先删除再输出
        fs.delete(outputPath, true);
    }
    job.waitForCompletion(true);// 提交运行MR任务
    // 下载文件
    System.out.println("排序完成, 正在下载排序后的文件.");
    HdfsUtil.downLoad(outputPath, new File(args[3]), fs);
    System.out.println("下载完成.");
    }
}
```

# 3.5　HDFS 读写数据的过程

## 3.5.1　HDFS 读数据的过程

HDFS 读数据的过程如图 3.6 所示. 具体地, HDFS 读数据的过程如下 [52,42].

① 客户端生成 DistributedFileSystem 对象实例, 并调用实例的 open 方法, 获得这个文件对应的输入流 DFSInputStream.

② 构造输入流 DFSInputStream 时, 通过远程调用 (remote procedure call, RPC) NameNode, 以获得此文件数据块对应的存放位置, 也包括副本存放位置. 此外, 在输入流中会按照网络拓扑结构, 根据与客户端的距离对 DataNode 进行排序.

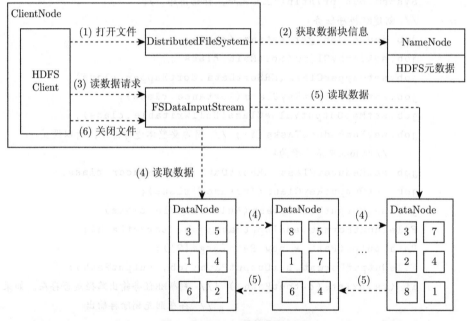

图 3.6　HDFS 读数据的过程

③ 客户端向 FSDataInputStream 发送读取数据的请求, 即调用 read 方法.

④ 输入流 DFSInputStream 根据② 的排序结果, 选择最近的 DataNode 建立连接并读取数据. 如果客户端和其中一个 DataNode 位于同一计算机, 那么就直接从本地读取数据.

⑤ 在一个 DataNode 上, 如果已经到达数据块的末端, 那么关闭与这个 DataNode 的连接. 然后, 重新查找下一个数据块. 重复执行②~⑤, 直到数据全部读取完毕.

⑥ 数据读取完毕后, 客户端调用 close 方法, 关闭输入流 DFSInputStream.

## 3.5.2 HDFS 写数据的过程

HDFS 写数据的过程如图 3.7 所示. 具体地, HDFS 写数据的过程如下 [52,42].

① 客户端生成 DistributedFileSystem 对象实例, 并调用实例的 create 方法创建一个文件.

② DistributedFileSystem 对象实例通过 RPC 向 NameNode 发送创建文件请求. NameNode 在确认此文件没有重名文件, 且客户端具有写权限后, 在名称空间创建此文件的对应记录. 需要注意的是, 因为此时文件没有数据, 所以 NameNode 上没有文件数据块的信息. 创建结束后, HDFS 返回一个输出流 DFSDataOutputStream 给客户端.

③ 客户端调用 DFSDataOutputStream 的 write 方法, 向对应的文件写入数据. 数据首先被分包. 这些分包写入一个输出流的 Data 队列中, 接收完数据分包, 输出流 DFSDataOutputStream 向 NameNode 申请保存文件和副本数据块的若干个 DataNode. 这些 DataNode 形成一个数据传输管道.

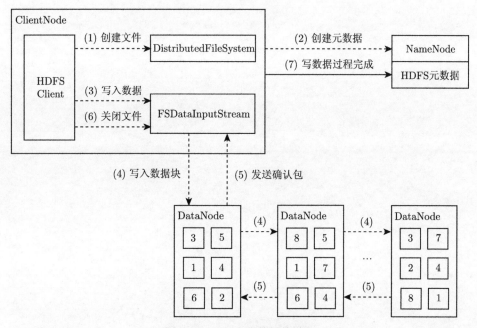

图 3.7　HDFS 写数据的过程

④ 输出流 DFSDataOutputStream 将数据传输给最近的 DataNode. 这个 DataNode 接收到数据包后会传给下一个 NataNode. 数据在管道内流动.

⑤ 因为各个 DataNode 位于不同的机器上, 数据需要通过网络发送, 所以为了保证所有 DataNode 的数据都是准确的, 接收到数据的 DataNode 要向发送者发送

确认包 (ACK Packet). 只有当 DFSDataOutputStream 收到所有 DataNode 的确认 ACK 后, 才能确认传输结束. 重复执行③~⑤, 直到数据全部写完.

　　⑥ 客户端调用 close 方法, 关闭文件.

　　⑦ NameNode 接收到写操作完成的信号, 记录完元数据信息后, 通知客户端. 整个写操作过程完成.

# 第 4 章　Hadoop 并行编程框架 MapReduce

## 4.1　MapReduce 概述

MapReduce 是一个并行编程框架, 可方便用户编写处理大数据的应用程序. 程序可以运行在拥有数千个节点的大型集群上, 处理数据的量级可达 TB、PB, 乃至更高, 而且具有非常高的可靠性和容错性.

MapReduce 借鉴和使用了函数式程序设计语言 Lisp 的设计思想, 采用分而治之的数据处理思想, 将数据处理分成 Map、Shuffle 和 Reduce 三个阶段, 与 HDFS 配合共同完成大数据处理. 其工作流程如图 4.1 所示. 对于某些简单的大数据处理逻辑, Shuffle 过程可以省略. 从程序设计语言的角度来看, Map 和 Reduce 是两个抽象的编程接口, 由用户编程实现. Map 函数的输入是键值对 <K1, V1>, 输出是键值对列表 <K2, LIST(V2)>. Shuffle 对 Map 的输出结果按键 (key) 进行合并、排序和分区, 处理后的结果作为 Reduce 函数的输入. Reduce 的输出是按某种策略处理的结果键值对 <K3, V3>.

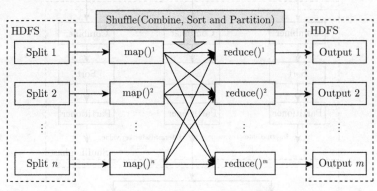

图 4.1　MapReduce 的工作流程

为了方便用户编写程序, MapReduce 封装了许多系统级的底层处理细节. 这些细节包括以下内容.

① 计算任务的自动划分和自动部署.

② 自动分布式存储处理的数据.

③ 处理数据和计算任务的同步.

④ 对中间处理结果数据的自动聚集和重新划分.

⑤ 云计算节点之间的通信.

⑥ 云计算节点之间的负载均衡和性能优化.

⑦ 云计算节点的失效检查和回复.

## 4.2　MapReduce 的大数据处理过程

MapReduce 的数据处理过程如图 4.2 所示. 下面分别介绍处理过程的 3 个阶段.

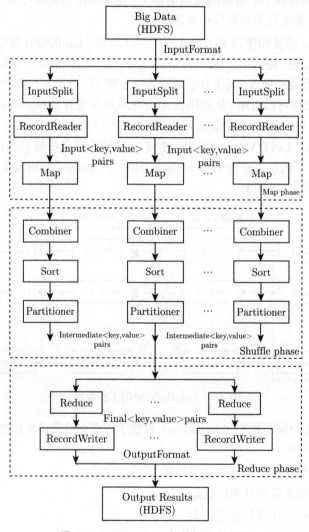

图 4.2　MapReduce 的数据处理过程

### 4.2.1 Map 阶段

Map 阶段对大数据的处理主要通过 Mapper 接口实现. Mapper 接口的定义在 org.apache.hadoop.mapred 包中给出. 该接口的说明如下.

```
@InterfaceAudience.Public /* 对所有工程和应用可用
@InterfaceStability.Stable /* 说明主版本是稳定的, 不同主版本之间可能不
                    兼容 */
public interface Mapper<K1, V1, K2, V2>
extends JobConfigurable, Closeable
```

Mapper 接口中定义了一个 map 方法, 它将输入键值对映射为一系列中间结果键值对. 其原型如下.

```
void map(K1 key, V1 value, OutputCollector<K2, V2> output, Reporter
reporter);
```

图 4.2 中的逻辑分片 (InputSplit) 是由 InputFormat 接口产生的, 每一个 Input-Split 对应一个 map 任务. Mapper 通过 JobConfiguration.configure (JobConf) 访问作业的 JobConf 并对其进行初始化. 然后, MapReduce 框架为该任务的 InputSplit 中的每个键值对调用 map(Object, Object, OutputCollector, Reporter).

随后 MapReduce 对与给定输出键相关联的所有中间值进行分组, 并传递给 Reduce 以确定最终的输出. 用户可以通过 JobConf.setOutputKeyComparatorClass (Class) 指定一个比较器来控制分组.

分组的 Mapper 输出按 Reducer 的个数进行分区, 用户可以通过实现自定义的 Partitioner, 控制哪些键 (以及记录) 被分配到哪个 Reducer.

Combiner 是可选的, 用户可以通过 JobConf.setCombinerClass(Class) 指定一个 Combiner 对中间结果键值对在本地进行聚合. 这有助于减少从 Mapper 到 Reducer 的数据传输.

InputFormat 接口描述 MapReduce 作业的输入规则, 该接口的说明如下.

```
@InterfaceAudience.Public
@InterfaceStability.Stable
public interface InputFormat<K, V>
```

InputFormat 接口包括以下功能.

① 验证作业的输入规则.

② 将输入文件拆分为逻辑的 InputSplit, 然后将每个 InputSplit 分配给一个 Mapper.

③ 提供 RecordReader 的实现, 用于从逻辑的 InputSplit 中收集输入记录, 以便 Mapper 进行处理.

InputFormat 接口提供了 getSplits 和 getRecordReader 两个方法. getSplits 的原型为

InputSplit[ ] getSplits(JobConf job, int numSplits) throws IOException;

该方法的功能是从逻辑上对作业文件进行分片, 返回一个 InputSplit 数组, 每一个 InputSplit(对应 InputSplit 数组中每一个元素) 分配给一个单独的 Mapper 进行处理.

getRecordReader 方法的原型为

RecordReader<K, V> getRecordReader(InputSplit split, JobConf job, Reporter reporter) throws IOException;

该方法的功能是获取给定 InputSplit 的 RecordReader, 返回一个 RecordReader 接口.

RecordReader 接口从 InputSplit 中读取 <key, value> 键值对, 该接口的说明如下.

```
@InterfaceAudience.Public
@InterfaceStability.Stable
public interface RecordReader<K, V>
```

RecordReader 的主要功能是将逻辑分片转化为 <key, value> 键值对, 转化的 <key, value> 键值对作为 map 函数输入. 该接口提供 createKey、createValue、getPos、getProgress、next 和 close, 如表 4.1 所示.

表 4.1　RecordReader 中定义的 6 个方法

| 编号 | 类型 | 方法 |
| --- | --- | --- |
| 1 | K | createKey( ) |
| 2 | V | createValue( ) |
| 3 | long | getPos( ) |
| 4 | float | getProgress( ) |
| 5 | boolean | next(K key, V value) |
| 6 | void | close( ) |

### 4.2.2　Shuffle 阶段

MapReduce 大数据处理的 Shuffle 阶段主要对 Map 节点输出的中间结果进行组合、排序和分区, 以为 Reduce 阶段的处理做好准备工作. 组合操作是可选的, 其作用是对中间结果键值对在本地进行聚合操作. 这种操作有助于减少从 Map 节点到 Reduce 节点的数据传输. 具体地, 如果在 Map 节点的输出键值对中, 有多个相同键的键值对, 那么组合操作会将它们合并为一个键值对. 例如, 假设 Map 节点的输出有 5 个相同键的键值对 <hadoop, 1>, 那么合并后的键值对为 <hadoop, 5>.

为了保证将所有键相同的键值对传输给同一个 Reduce 节点, 以便 Reduce 节点能在不需要访问其他 Reduce 节点的情况下, 一次性完成规约, 就需要对 Map 节点输出的中间结果键值对按键进行分区处理. 然后, 对每个分区中的键值对, 还需要按键进行排序. Shuffle 阶段数据处理过程如图 4.3 所示.

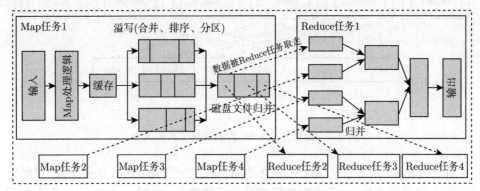

图 4.3 Shuffle 阶段数据处理过程

**说明:**

① 一般地, 一个 Map 节点可以运行多个 Map 任务. 但是, 一个 Map 任务只能运行在一个节点上.

② Map 任务数与逻辑分片 (split) 数是一一对应的, 即一个逻辑分片对应一个 Map 任务.

③ Split 是逻辑上的概念, 只包含分片开始位置、结束位置、分片长度、数据所在节点等元数据信息. 数据块是物理上的概念, 虽然 Hadoop 允许一个分片跨越不同的数据块, 但是如果不同的物理块存储在不同的节点上, 就涉及数据在节点之间的传输. 如图 4.4 所示, 逻辑分片 split1 跨越 2 个数据块 block1 和 block2, 而这两个数据块一个存储在数据节点 1(DataNode1) 上, 另一个存储在数据节点 2(DataNode2) 上. 在执行逻辑分片 split1 对应的 Map 任务时, 需要在数据节点 1 和数据节点 2 之间传输数据, 这样势必增加网络传输开销. 因此, 建议将逻辑分片和物理块一一对应起来.

④ 每个 Map 任务的输出结果并不是直接写入本地磁盘, 而是先缓存到一个缓冲区中, 如图 4.3 所示. 当缓冲区中缓存的数据达到缓存容量的一个阈值时 (默认是 80%) 产生溢写. 溢写到本地磁盘文件中的数据是经过合并、分区和排序的. 随

着溢写的进行, 溢写的磁盘文件越来越多, MapReduce 会对这些小的磁盘文件进行归并, 归并成一个大的外存文件.

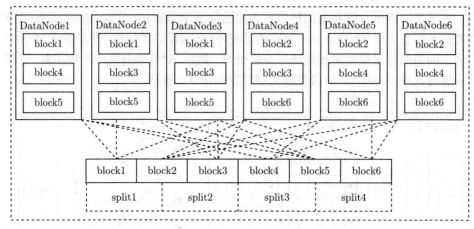

图 4.4　逻辑分片 split 与物理块之间的关系

⑤ JobTracker 会一直监测 Map 任务的执行, 当所有的 Map 任务完成, 已经生成一个大的磁盘文件, 文件中的数据都是分区排序的. 此时, JobTracker 会通知相应的 Reduce 任务把它要处理的数据取走, 如图 4.3 所示.

### 4.2.3　Reduce 阶段

Reducer 接口的定义也是在 org.apache.hadoop.mapred 包中给出的, 该接口的说明如下.

```
@InterfaceAudience.Public
@InterfaceStability.Stable
public interface Reducer<K2, V2, K3, V3>
extends JobConfigurable, Closeable
```

Reducer 接口中定义了 reduce 方法, 该方法对给定键对应的值进行规约. 该方法的原型为

void reduce(K2 key, Iterator<V2> values, OutputCollector<K3, V3> output, Reporter reporter)

Reduce 方法需要做的工作比较简单, 对于每一个 <key, list(values)> 对, MapReduce 框架调用 reduce 方法, 计算规约值. Reduce 任务的输出一般通过 OutputCollector.collect(Object, Object) 写入 HDFS.

# 4.3 一个例子: 流量统计

下面通过一个例子说明 MapReduce 处理大数据的过程, 重点说明 Map 和 Reduce 这两个函数的处理逻辑.

**例 4.3.1** 给定移动通信大数据, 表 4.2 是这种大数据的一个片段, 统计服务号码的流量.

**表 4.2 移动通信流量数据片段**

| 序号 | 服务号码 | 日期 | 起始时间 | 网络类型 | 时长 | 流量/KBit |
|------|-----------|------|----------|----------|------|-----------|
| 01 | 13833009718 | 2016/8/1 | 0:04:14 | LTETD | 8 小时 0 分 0 秒 | 44 |
| 02 | 13833009718 | 2016/8/1 | 7:04:14 | LTETD | 16 小时 8 分 16 秒 | 110 |
| 03 | 13833009718 | 2016/8/2 | 0:12:30 | LTETD | 8 小时 0 分 0 秒 | 52 |
| 04 | 13733395639 | 2016/8/2 | 7:12:30 | LTETD | 16 小时 19 分 38 秒 | 30674 |
| 05 | 13733395639 | 2016/8/3 | 0:49:11 | LTETD | 8 小时 28 分 32 秒 | 113 |
| 06 | 13733395639 | 2016/8/3 | 7:49:11 | LTETD | 13 小时 36 分 45 秒 | 160 |
| 07 | 13733395639 | 2016/8/4 | 0:31:49 | LTETD | 6 小时 32 分 12 秒 | 50 |
| 08 | 13833009718 | 2016/8/4 | 7:04:01 | LTETD | 30 分 3 秒 | 339 |
| 09 | 13833009718 | 2016/8/4 | 7:34:04 | GSM | 4 分 42 秒 | 1 |
| 10 | 15931261966 | 2016/8/4 | 7:43:00 | GSM | 6 分 0 秒 | 84 |
| 11 | 15931261966 | 2016/8/4 | 7:49:21 | LTETD | 13 分 19 秒 | 1 |
| 12 | 15931261966 | 2016/8/4 | 8:15:11 | LTETD | 4 小时 42 分 27 秒 | 10145 |
| 13 | 15931261966 | 2016/8/4 | 12:57:38 | LTETD | 1 小时 12 分 27 秒 | 10439 |
| 14 | 15931261966 | 2016/8/4 | 13:18:33 | TD | 5 分 21 秒 | 6 |
| 15 | 15931261966 | 2016/8/4 | 14:16:34 | LTETD | 3 分 55 秒 | 311 |
| 16 | 13833009718 | 2016/8/4 | 14:20:29 | GSM | 2 分 12 秒 | 20 |
| 17 | 13833009718 | 2016/8/4 | 14:20:46 | LTETD | 3 分 7 秒 | 631 |
| 18 | 13733395639 | 2016/8/4 | 14:28:26 | LTETD | 35 分 23 秒 | 96 |
| 19 | 13733395639 | 2016/8/4 | 15:03:49 | TD | 1 分 49 秒 | 18 |
| 20 | 13733395639 | 2016/8/4 | 15:05:38 | LTETD | 8 小时 2 分 40 秒 | 121 |
| 21 | 13733395639 | 2016/8/4 | 23:20:14 | LTETD | 41 分 53 秒 | 2 |
| 22 | 13833009718 | 2016/8/5 | 0:02:07 | LTETD | 7 小时 31 分 30 秒 | 160 |
| 23 | 13833009718 | 2016/8/5 | 7:33:37 | LTETD | 5 小时 0 分 38 秒 | 212 |
| 24 | 13833009718 | 2016/8/5 | 12:34:56 | LTETD | 3 小时 13 分 24 秒 | 57 |
| 25 | 13733395639 | 2016/8/5 | 15:48:20 | GSM | 22 秒 | 1 |
| 26 | 13733395639 | 2016/8/5 | 15:58:06 | LTETD | 5 小时 31 分 45 秒 | 51 |
| 27 | 15931261966 | 2016/8/5 | 23:29:51 | LTETD | 38 分 39 秒 | 6 |
| 28 | 15931261966 | 2016/8/6 | 0:08:30 | LTETD | 7 小时 25 分 30 秒 | 40 |
| 29 | 13733395639 | 2016/8/6 | 7:34:00 | LTETD | 13 小时 55 分 57 秒 | 105 |
| 30 | 13833009718 | 2016/8/7 | 0:00:00 | LTETD | 6 小时 0 分 0 秒 | 32 |

下面详细解释用 MapRecuce 如何解决流量统计问题. 首先, 将大数据集划分为

若干子集, 这一过程实际上是分治. 为描述方便, 假定将表 4.2 所示的数据集按序号顺序划分成 3 个子集, 每个子集 10 条记录. 3 个子集并行地由 3 个 Map 节点处理, Map 函数的输入是键值对. 在这个例子中, $k1$ 是每条记录的字节偏移量, $v1$ 是每一条记录的内容. Map 函数的功能是从每一条记录中分割出服务号码 ($k2$) 及对应的流量 ($v2$). 接下来, 对得到的这些 $< k2, v2 >$ 进行合并、排序和分组. 这些操作都是 MapReduce 自动完成, 不需要用户参与. 这一步完成后, 得到按 $k2$ 分组的 $< k2, \mathrm{list}(v2) >$, 分组个数决定了 Reduce 节点的个数. 这里假定有 3 个 Reduce 节点, 3 个 Reduce 节点并行地对同一服务号码对应的流量求和, 求和完成后, 就得到了最终的结果. 最终结果被存储到 HDFS 中. 针对流量统计的 MapRecuce 执行过程示意图如图 4.5 所示.

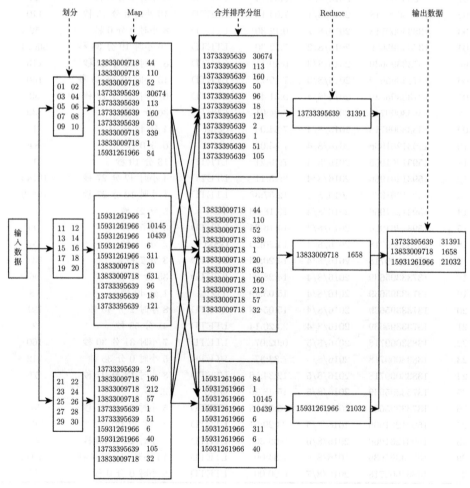

图 4.5　针对流量统计的 MapRecuce 执行过程示意图

下面给出解决流量统计问题的 MapRecuce 程序源代码.

## 源程序文件 FlowCount.java

```java
package IT;
import java.io.IOException;
import org.apache.hadoop.conf.Configuration;
import org.apache.hadoop.conf.Configured;
import org.apache.hadoop.fs.Path;
import org.apache.hadoop.io.LongWritable;
import org.apache.hadoop.io.Text;
import org.apache.hadoop.MapReduce.Job;
import org.apache.hadoop.MapReduce.Mapper;
import org.apache.hadoop.MapReduce.Reducer;
import org.apache.hadoop.MapReduce.lib.input.FileInputFormat;
import org.apache.hadoop.MapReduce.lib.input.TextInputFormat;
import org.apache.hadoop.MapReduce.lib.output.FileOutputFormat;
import org.apache.hadoop.MapReduce.lib.output.TextOutputFormat;
import org.apache.hadoop.MapReduce.lib.partition.HashPartitioner;
import org.apache.hadoop.util.Tool;
import org.apache.hadoop.util.ToolRunner;
public class FlowCount   extends Configured implements Tool {
  public static String path1="";
  public static String path2="";
  public int run(String[] arg0) throws Exception{
    path1=arg0[0];
    path2=arg0[1];
    Job job = new Job(new Configuration(),"FlowCount");
    job.setJarByClass(FlowCount.class);
    //编写驱动
    FileInputFormat.setInputPaths(job, new Path(path1));
    job.setInputFormatClass(TextInputFormat.class);
    job.setMapperClass(MyMapper.class);
    job.setMapOutputKeyClass(Text.class);
    job.setMapOutputValueClass(LongWritable.class);
    job.setNumReduceTasks(1);//指定Reducer的任务数量为1
    job.setPartitionerClass(HashPartitioner.class);
    job.setReducerClass(MyReducer.class);
    job.setOutputKeyClass(Text.class);
```

```
        job.setOutputValueClass(LongWritable.class);
        FileOutputFormat.setOutputPath(job, new Path(path2));
        job.setOutputFormatClass(TextOutputFormat.class);
        //向JobTracker提交任务
        job.waitForCompletion(true);
        return 0;}
public static void main(String[] args) throws Exception{
        ToolRunner.run(new FlowCount(), args);}
public static class MyMapper extends Mapper<LongWritable, Text
        , Text, LongWritable>{
    protected void map(LongWritable k1, Text v1,Context context)
            throws IOException, InterruptedException{
        String[] splited = v1.toString().split("\t");
            //获取一个字符串数组
        String str1 = splited[1];//获取手机号
        String str2 = splited[8];//获取流量
        context.write(new Text(str1), new LongWritable(Long.
            parseLong(str2)));}}
public static class MyReducer extends Reducer<Text,
        LongWritable, Text, LongWritable> {
    protected void reduce(Text k2, Iterable<LongWritable> v2s,
            Context context)throws IOException, InterruptedException{
        long sum = 0L;
        for (LongWritable v2 : v2s)//相同key的value放到了同一个集合中
        {
            sum +=v2.get();//迭代相加
        }
        context.write(k2, new LongWritable(sum));//结果输出到HDFS中
    }
}
}
```

## 4.4　MapReduce 的系统结构

在 HDFS 中, NameNode 是主节点, 负责存储、组织和管理分布式文件系统的元数据; DataNode 是从节点, 利用本地 Linux 文件系统, 负责大数据的存储. 需要注

意的是, 一个大数据文件的存储是划分为许多数据块, 分布存储在多个 DataNode 上.

MapReduce 的系统结构也是主从结构, 如图 4.6 所示. JobTracker 是主节点, 负责作业的调度与管理. TaskTracker 是从节点, 负责执行任务, 完成用户的应用逻辑. 在执行计算任务的过程中, MapReduce 采取本地化计算原则和移动计算不移动数据的处理策略. 数据存储节点 DataNode 和任务执行节点 TaskTracker 合并设置, 在同一台机器上运行. HDFS 和 MapReduce 是 Hadoop 的两个重要组成部分, 这样 Hadoop 的系统结构如图 4.7 所示.

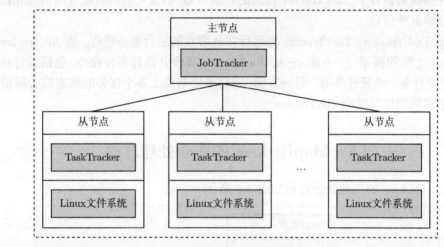

图 4.6 MapReduce 的系统结构

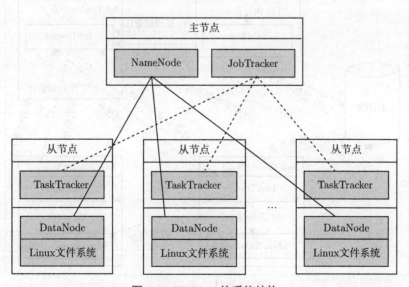

图 4.7 Hadoop 的系统结构

下面介绍与 MapReduce 的系统结构相关的基本概念.

① 作业 (Job). 在 MapReduce 框架中, 一个 Job 就是一个 MapReduce 程序. 一般地, 一个作业由 Map 和 Reduce 两部分组成.

② 任务 (Task). 在 MapReduce 框架中, Task 是并行计算的基本单位, 分为 Map 任务和 Reduce 任务. 一般地, 一个作业包含多个 Task.

③ JobTracker. JobTracker 是运行在主节点的后台服务进程, 负责接收客户提交的作业, 调度任务到工作节点上运行. JobTracker 进程启动之后, 会一直在后台监听并接收来自各个 TaskTracker 发送的心跳信息, 以及它们的资源使用情况和任务运行情况等信息.

④ TaskTracker. TaskTracker 是运行在从节点的后台服务进程, 是 JobTracker 和 Task 之间的桥梁. 一方面, 它从 JobTracker 接收并执行各种命令, 包括运行任务、提交任务、杀死任务等. 另一方面, 它将本地节点上各个任务的状态以心跳信息的形式周期性发送给 JobTracker.

## 4.5　MapReduce 的作业处理过程

MapReduce 的作业处理过程如图 4.8 所示.

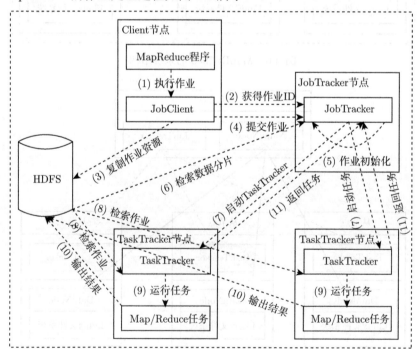

图 4.8　MapReduce 的作业处理过程

从图 4.8 可以看出, MapReduce 的作业处理过程包括以下步骤.

① 用户通过作业客户端接口程序 JobClient 执行一个作业, 即运行用户编写的 MapReduce 程序.

② JobClient 向 JobTracker 申请执行作业的 ID, 并获得作业 ID.

③ JobClient 将作业资源 (包括用户程序作业和待处理的数据文件信息) 复制到 HDFS.

④ 所有准备工作做好后, JobClient 向 JobTracker 正式提交该作业.

⑤ JobTracker 接受作业并进行调度. JobTracker 根据数据分片数量, 调度和分配一定数量的 Map.

⑥ JobTracker 检索数据分片信息, 构建并准备相应的任务.

⑦ JobTracker 启动 TaskTracker, 开始执行具体的任务.

⑧ TaskTracker 根据所分配的具体任务, 检索相应的作业数据.

⑨ TaskTracker 节点创建本地虚拟机, 执行相应的 Map 任务或 Reduce 任务.

⑩ TaskTracker 执行完所分配的任务后, 输出运行结果. 如果执行的是 Map 任务, 则输出的是中间结果; 如果执行的是 Reduce 任务, 则输出的是最终结果.

⑪ 任务完成后, TaskTracker 向 JobTracker 反馈任务完成信息. 如果完成的是 Map 任务, 并且后续还有 Reduce 任务, 那么 JobTracker 分配并启动 Reduce 节点. Reduce 节点执行 Reduce 任务, 并输出最终结果.

## 4.6 MapReduce 算法设计

针对一个具体问题, MapReduce 应用程序开发流程, 如图 4.9 所示. 算法设计是整个过程的关键一步, 是后续编程实现 Map 和 Reduce 函数的基础. 当然, 对一个复杂的问题, 仅实现这两个函数是不够的, 还要编程实现其他的接口或类, 如 Partitioner、Combiner、InputFormat 等. 因为 MapReduce 处理大数据的基本策略是分治策略, 所以从算法设计策略的角度讲, 通过编写 MapReduce 应用程序解决问题的算法都是分治算法. 下面以大数据决策树算法设计和大数据极限学习机算法设计为例, 介绍 MapReduce 算法设计的基本思想.

### 4.6.1 大数据决策树算法设计

我们知道 ID3 算法用信息增益选择扩展属性, 在计算每一个条件属性的信息增益时, 需要使用整个训练集中的数据. 如果需要处理的是大数据集, 那么需要将大数据集划分为若干个子集, 部署到不同的云计算节点上并行处理. 需要注意的是, 在每一个云计算节点上, 处理的是大数据集的一个子集, 利用子集计算出的属性信息增益不是我们需要的. 我们观察发现, 计算每一个条件属性的信息增益时, 需要计算每一个等价类的势, 即统计每一个等价类包含的样例数.

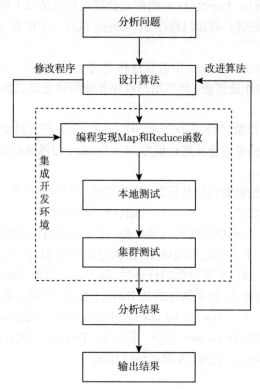

图 4.9　MapReduce 应用程序开发流程

设 $D$ 表示包括 $k$ 类样例的离散值大数据集, 第 $j$ 类样例所占的比例为 $p_j(1 \leqslant j \leqslant k), a$ 表示条件属性, $y$ 表示决策属性; $V(a)$ 表示属性 $a$ 的所有枚举值的集合, $v \in V(a)$ 表示条件属性 $a$ 的一个取值, $D^{(v)}$ 表示条件属性 $a$ 取值 $v$ 的等价类; 将大数据集 $D$ 划分为 $l$ 个子集, 即 $D = D_1 + D_2 + \cdots + D_l$, 决策属性 $y$ 相对于数据集 $D$ 的信息熵为

$$E_D(y) = -\sum_{j=1}^{k} p_j \log_2 p_j \tag{4.1}$$

条件属性 $a$ 相对于数据集 $D$ 的信息增益为

$$G_D(a) = E_D(y) - \sum_{v \in V(a)} \frac{|D^{(v)}|}{|D|} E_{D^{(v)}}(y) \tag{4.2}$$

若 $D$ 是大数据集, 可按如下步骤计算条件属性的信息增益.

① 通过各个子集 $D_i(1 \leqslant i \leqslant l)$ 计算决策属性 $y$ 相对于大数据 $D$ 的信息熵.

统计每个等价类中包含的样例数. 设 $D_{ij} = D_i(y = j), 1 \leqslant i \leqslant l, 1 \leqslant j \leqslant k$, $D_{ij}$ 表示子集 $D_i$ 中决策属性 $y = j$ 的等价类. 显然, $D_{ij} \subseteq D_i$, 第 $j$ 类 (一个等价类)

样例在大数据 $D$ 中所占的比例为

$$p_j = \frac{\sum\limits_{i=1}^{l} |D_{ij}|}{|D|} \tag{4.3}$$

根据式 (4.1), 决策属性 $y$ 相对于大数据 $D$ 的信息熵为

$$E_D(y) = -\sum_{j=1}^{k} p_j \log_2 p_j = -\sum_{j=1}^{k}\left( \frac{\sum\limits_{i=1}^{l}|D_{ij}|}{|D|} \log_2 \frac{\sum\limits_{i=1}^{l}|D_{ij}|}{|D|} \right) \tag{4.4}$$

② 通过各个子集 $D_i(1 \leqslant i \leqslant l)$ 计算条件属性 $a$ 相对于大数据 $D$ 的信息增益.

记 $D_i^{(v)} = D_i(a=v)$, 表示子集 $D_i$ 中条件属性 $a=v$ 的等价类. 显然, $D_i^{(v)} \subseteq D_i$.

记 $D_{ij}^{(v)} = D_i^{(v)}(y=j)$, 表示等价类 $D_i^{(v)}$ 中决策属性 $y=j$ 的等价类.

记 $D^{(v)} = D(a=v)$, 表示大数据集 $D$ 中条件属性 $a=v$ 的等价类.

显然, $D^{(v)} = \bigcup_{i=1}^{l} D_i^{(v)}$, 大数据集 $D$ 中条件属性 $a=v$ 的等价类 $D^{(v)}$ 由各个子集 $D_i$ 中条件属性 $a=v$ 的等价类 $D_i^{(v)}$ 构成, 记

$$p_j^{(v)} = \frac{\sum\limits_{i=1}^{l}|D_{ij}^{(v)}|}{|D^{(v)}|} \tag{4.5}$$

其中, $p_j^{(v)}$ 表示等价类 $D^{(v)}$ 中第 $j$ 类样例所占的比例.

从而, 可得下式, 即

$$\begin{aligned} E_{D^{(v)}}(y) &= -\sum_{j=1}^{k} p_j^{(v)} \log_2 p_j^{(v)} \\ &= -\sum_{j=1}^{k}\left( \frac{\sum\limits_{i=1}^{l}|D_{ij}^{(v)}|}{|D^{(v)}|} \log_2 \frac{\sum\limits_{i=1}^{l}|D_{ij}^{(v)}|}{|D^{(v)}|} \right) \end{aligned} \tag{4.6}$$

进而, 根据式 (4.2) 和式 (4.6), 可得条件属性 $a$ 相对于大数据 $D$ 的信息增益 $G_D(a)$, 即

$$G_D(a) = E_D(y) - \sum_{v \in V(a)} \frac{|D^{(v)}|}{|D|} E_{D^{(v)}}(y)$$

$$= - \sum_{j=1}^{k} \left( \frac{\sum_{i=1}^{l} |D_{ij}|}{|D|} \log_2 \frac{\sum_{i=1}^{l} |D_{ij}|}{|D|} \right) \tag{4.7}$$

$$+ \sum_{v \in V(a)} \frac{|D^{(v)}|}{|D|} \sum_{j=1}^{k} \left( \frac{\sum_{i=1}^{l} |D_{ij}^{(v)}|}{|D^{(v)}|} \log_2 \frac{\sum_{i=1}^{l} |D_{ij}^{(v)}|}{|D^{(v)}|} \right)$$

请读者思考如何设计基于非平衡割点的连续值大数据决策树归纳算法.

### 4.6.2　大数据极限学习机算法设计

由 1.6 节, 我们知道极限学习机 (extreme learning machine, ELM) 是一种训练具体特殊机构的单隐含层前馈神经网络的算法. 特殊结构体现在输出层神经元的激活函数必是线性函数, 而隐含层神经元的激活函数可以是 sigmoid 函数或径向基函数. 为描述方便, 我们在这里给出 ELM 算法的伪代码.

在算法 4.1 中, $d$ 是样例的维数, 也是输入神经元的个数; $m$ 是隐含层神经元的个数; $k$ 是输出神经元的个数; $n$ 是样例的个数.

可以看出, 算法的第 3~5 行随机生成 $m$ 个 $d$ 维的输入层权向量 $\boldsymbol{w}_j$ 和 $m$ 个隐含层节点的偏置 $b_j$. 实际上, $m$ 个 $d$ 维的权向量 $\boldsymbol{w}_j$ 构成一个 $d \times m$ 的权矩阵 $\boldsymbol{W}$, $m$ 个偏置 $b_j$ 构成一个 $m$ 维的向量 $\boldsymbol{b}$. 因为一般情况下 $m$ 和 $d$ 都不是很大, 所以生成 $\boldsymbol{W}$ 和 $\boldsymbol{b}$ 所需的计算量都不大.

算法的第 6~10 行计算隐含层输出矩阵 $\boldsymbol{H}$. 实际上, 这是把 $d$ 维原空间的数据矩阵 $\boldsymbol{X}$ 用随机映射变换为特征空间的数据矩阵 $\boldsymbol{H}$. $\boldsymbol{X}$ 由训练集 $D$ 中的样例 $\boldsymbol{x}_i$ 构成, 不包含类标 $y_i$. 当训练集 $D$ 是大数据集时, 在单台计算机上不能实现这种变换, 即在单台计算机上不能计算 $\boldsymbol{H}$. 不过这个问题很容易解决, 只需将大数据集 $D$ 划分成 $l$ 个子集 $D_1, D_2, \cdots, D_l$, 并部署到 $l$ 个云计算节点上. 然后, 每个云计算节点将数据子集 $D_i$ 变换到 $m$ 维的特征空间, 得到子矩阵 $\boldsymbol{H}_i, 1 \leqslant i \leqslant l$. 最后, 将 $l$ 个子矩阵 $\boldsymbol{H}_i$ 堆叠到一起, 即得到相对于大数据训练集 $D$ 的隐含层输出矩阵 $\boldsymbol{H}$.

算法的第 11 行计算输出层群矩阵 $\hat{\boldsymbol{\beta}}$. 这一步的关键是计算广义逆矩阵 $\boldsymbol{H}^\dagger$. 需要注意的是, $\boldsymbol{H}^\dagger$ 是相对于整个训练集 $D$ 而言的. 当 $D$ 是一个大数据时, 隐含层输出矩阵 $\boldsymbol{H}$ 是通过并行计算得到的. 现在的问题是 $\boldsymbol{H}^\dagger$ 是否也可以通过并行计算得到? 答案是肯定的, 下面给出具体的分析.

**算法 4.1: ELM算法**

**1 输入:** 训练集$D = \{(\boldsymbol{x}_i, \boldsymbol{y}_i)|\boldsymbol{x}_i \in \mathbf{R}^d, \boldsymbol{y}_i \in \mathbf{R}^k, i = 1, 2, \cdots, n\}$, 激活函数$g(\cdot)$, 隐含层结点个数$m$, 控制参数$\lambda$.

**2 输出:** 权矩阵$\boldsymbol{\beta}$.

**3 for** $(j = 1; j \leqslant m; j + +)$ **do**

**4** 　随机生成输入层权值$\boldsymbol{w}_j$和隐含层结点的偏置$b_j$;

**5 end**

**6 for** $(i = 1; i \leqslant n; i + +)$ **do**

**7** 　**for** $(j = 1; j \leqslant m; j + +)$ **do**

**8** 　　计算隐含层输出矩阵$\boldsymbol{H}$;

**9** 　**end**

**10 end**

**11** 计算输出层权矩阵$\hat{\boldsymbol{\beta}} = \boldsymbol{H}^\dagger \boldsymbol{Y}$;

**12** 输出$\hat{\boldsymbol{\beta}}$.

因为 $\boldsymbol{H}$ 是 $n \times m$ 的矩阵, 所以 $\boldsymbol{H} \times \boldsymbol{H}^\mathrm{T}$ 是 $n \times n$ 的矩阵. 对于大数据集 $D$, 在单机上难以计算 $\boldsymbol{H} \times \boldsymbol{H}^\mathrm{T}$. 然而, 在大多数情况下, $m \ll n$. 根据矩阵理论, 在奇异值分解方法中, 可以用一个 $m \times m$ 的小矩阵 $\boldsymbol{H}^\mathrm{T} \times \boldsymbol{H}$ 代替大矩阵 $\boldsymbol{H} \times \boldsymbol{H}^\mathrm{T}$. 从而, 可用下式计算 $\boldsymbol{H}$ 的广义逆矩阵 $\boldsymbol{H}^\dagger$, 即

$$\boldsymbol{H}^\dagger = \left(\boldsymbol{H}^\mathrm{T} \times \boldsymbol{H}\right)^{-1} \times \boldsymbol{H}^\mathrm{T} \tag{4.8}$$

进而, 可得下式, 即

$$\hat{\boldsymbol{\beta}} = \left(\boldsymbol{H}^\mathrm{T} \times \boldsymbol{H}\right)^{-1} \times \boldsymbol{H}^\mathrm{T} \times \boldsymbol{Y} \tag{4.9}$$

矩阵 $\boldsymbol{H}^\mathrm{T} \times \boldsymbol{H}$ 和 $\boldsymbol{H}^\mathrm{T} \times \boldsymbol{Y}$ 的计算可以用 MapReduce 并行进行.

由此可以设计出大数据 ELM 算法[53-55]. 基于 MapReduce 的大数据 ELM 算法需要两个 Job, 一个用于计算隐含层输出矩阵 $\boldsymbol{H}$, 另一个用于计算矩阵 $\boldsymbol{H}^\mathrm{T} \times \boldsymbol{H}$ 和 $\boldsymbol{H}^\mathrm{T} \times \boldsymbol{Y}$.

通过前面的分析, 我们看到 $\boldsymbol{H}$ 可以通过各个节点并行计算, 那么 $\boldsymbol{H}^\mathrm{T} \times \boldsymbol{H}$ 和 $\boldsymbol{H}^\mathrm{T} \times \boldsymbol{Y}$ 自然也可以并行计算. 具体地, 可以通过 Map 函数计算隐含层输出矩阵 $\boldsymbol{H}$, key 就是每一个样例的字节偏移量, value 就是各个属性的值. Map 函数的输出经 shuffle 处理后, 作为 Reduce 函数的输入, 用于计算 $\boldsymbol{H}^\mathrm{T} \times \boldsymbol{H}$ 和 $\boldsymbol{H}^\mathrm{T} \times \boldsymbol{Y}$.

# 第 5 章   Hadoop 大数据机器学习

大数据给传统的机器学习带来巨大的挑战 [5]. 传统的机器学习算法属于内存算法, 用这些算法从训练集中学习目标概念时, 需要将整个数据集加载到内存中. 但是, 在大数据时代, 训练集的大小远远超过计算机的内存容量. 在这种情况下, 传统的机器学习算法变得不可行. 开源大数据处理框架为大数据机器学习提供了技术支撑. 本章介绍基于 Hadoop 的大数据机器学习, 下一章介绍基于 Spark 的大数据机器学习.

Hadoop 大数据处理的基本思想是分治策略, 基于 Hadoop 的机器学习也不例外, 它采用分而治之的思想, 将大规模机器学习问题划分为若干个较小规模的机器学习问题, 然后各个击破. 第 2 章介绍了 Hadoop 采用 HDFS 实现对大数据的分布式存储, 采用 MapReduce 编程框架 [35] 实现对大数据的处理, 用户的应用逻辑 (如不同的机器学习算法) 通过 Map 和 Reduce 两个简单易行的编程接口实现. 本章和下一章的程序均通过了测试. 下面简要介绍所用的测试环境、环境配置及测试数据.

1. 测试环境

测试环境是单机伪分布模式, 计算机的配置如表 5.1 所示.

表 5.1　测试所用计算机的配置

| 配置项 | 配置信息 |
| --- | --- |
| CPU | Intel® Core™ i5-45903.30GHz 四核 |
| 内存 | 8GB |
| 硬盘 | 1TB |

2. 环境配置

在单机伪分布模式下, 运行 Hadoop 需要配置如下文件.

(1) 配置 core-site.xml 文件

```
<configuration>
    <!-- 配置 NameNode 的地址 -->
    <property>
```

```
        <name>fs.defaultFS</name>
        <value>hdfs://192.168.40.111:9000</value>
    </property>
        <!-- 配置 DataNode 保存数据的目录, 默认值: Linux 的临时目录 -->
    <property>
        <name>hadoop.tmp.dir</name>
        <value>/root/training/hadoop-2.7.3/tmp</value>
    </property>
</configuration>
```

(2) 配置 hdfs-site.xml 文件

```
<configuration>
        <!-- 配置数据块的冗余度, 默认是 3-->
    <property>
        <name>dfs.replication</name>
        <value>1</value>
    </property>
        <!-- 是否进行权限检查, 默认是 true-->
    <property>
        <name>dfs.permissions</name>
        <value>false</value>
    </property>
</configuration>
```

(3) 配置 mapred-site.xml 文件

```
<configuration>
        <!-- 配置 MapReduce 的运行方式 -->
    <property>
        <name>MapReduce.framework.name</name>
        <value>yarn</value>
    </property>
</configuration>
```

(4) 配置 yarn-site.xml 文件

```
<configuration>
    <!-- 配置 yarn 的主节点 ResourceManger-->
    <property>
        <name>yarn.resourcemanager.hostname</name>
        <value>192.168.40.111</value>
    </property>
    <!-- 配置从节点 NodeManager 运行 MapReduce 程序的方式 -->
    <property>
        <name>yarn.nodemanager.aux-services</name>
        <value>MapReduce_shuffle</value>
    </property>
</configuration>
```

(5) 配置 hadoop-env.sh 文件

```
# 配置 JAVA_HOME 路径
export JAVA_HOME=/root/training/jdk1.8.0_144
```

3. 测试数据

测试数据集是 3 个人工数据集.

(1) 人工数据集 1

人工数据集 1 是一个两类 2 维的数据集, 每类 500000 个点, 共包含 1000000 个点. 两类都服从高斯分布 $p(\boldsymbol{x}|\omega_i) \sim N(\boldsymbol{\mu}_i, \boldsymbol{\Sigma}_i), i = 1, 2$. 每一类服从的高斯分布的均值向量 $\boldsymbol{\mu}_i$ 和协方差矩阵 $\boldsymbol{\Sigma}_i$ 如表 5.2 所示.

表 5.2　人工数据集 1 中的两 2 类高斯分布的均值向量 $\boldsymbol{\mu}_i$ 和协方差矩阵 $\boldsymbol{\Sigma}_i$

| $i$ | $\boldsymbol{\mu}_i$ | $\boldsymbol{\Sigma}_i$ |
|---|---|---|
| 1 | $\begin{bmatrix} 1.0 \\ 1.0 \end{bmatrix}$ | $\begin{bmatrix} 0.6 & -0.2 \\ -0.2 & 0.6 \end{bmatrix}$ |
| 2 | $\begin{bmatrix} 2.5 \\ 2.5 \end{bmatrix}$ | $\begin{bmatrix} 0.2 & -0.1 \\ -0.1 & 0.2 \end{bmatrix}$ |

(2) 人工数据集 2

人工数据集 2 是一个三类 2 维的数据集, 每类 400000 个点, 共包含 1200000 个点. 三类服从的分布为

$$p(\boldsymbol{x}|\omega_1) \sim N(\boldsymbol{0}, \boldsymbol{I})$$

$$p(\boldsymbol{x}|\omega_2) \sim N\left((1,1)^{\mathrm{T}}, \boldsymbol{I}\right)$$

$$p(\boldsymbol{x}|\omega_3) \sim \frac{1}{2}N\left((0.5, 0.5)^{\mathrm{T}}, \boldsymbol{I}\right) + \frac{1}{2}N\left((-0.5, 0.5)^{\mathrm{T}}, \boldsymbol{I}\right)$$

其中, $\boldsymbol{0} = \begin{bmatrix} 0 \\ 0 \end{bmatrix}$; $\boldsymbol{I} = \begin{bmatrix} 1 & 1 \\ 1 & 1 \end{bmatrix}$.

### (3) 人工数据集 3

人工数据集 3 是一个四类 3 维的数据集, 每类 250000 个点, 共包含 1000000 个点. 四类都服从高斯分布 $p(\boldsymbol{x}|\omega_i) \sim N(\boldsymbol{\mu}_i, \boldsymbol{\Sigma}_i), i = 1, 2, 3, 4$. 每一类服从的高斯分布的参数 $\boldsymbol{\mu}_i$ 和 $\boldsymbol{\Sigma}_i$ 如表 5.3 所示.

**表 5.3  人工数据集 3 中的 4 类高斯分布的均值向量 $\boldsymbol{\mu}_i$ 和协方差矩阵 $\boldsymbol{\Sigma}_i$**

| $i$ | $\boldsymbol{\mu}_i$ | $\boldsymbol{\Sigma}_i$ |
|---|---|---|
| 1 | $\begin{bmatrix} 0 \\ 0 \\ 0 \end{bmatrix}$ | $\begin{bmatrix} 1 & 0 & 0 \\ 0 & 1 & 0 \\ 0 & 0 & 1 \end{bmatrix}$ |
| 2 | $\begin{bmatrix} 0 \\ 1 \\ 0 \end{bmatrix}$ | $\begin{bmatrix} 1 & 0 & 1 \\ 0 & 2 & 2 \\ 1 & 2 & 5 \end{bmatrix}$ |
| 3 | $\begin{bmatrix} -1 \\ 0 \\ 1 \end{bmatrix}$ | $\begin{bmatrix} 2 & 0 & 2 \\ 0 & 6 & 0 \\ 0 & 0 & 1 \end{bmatrix}$ |
| 4 | $\begin{bmatrix} 0 \\ 0.5 \\ 1 \end{bmatrix}$ | $\begin{bmatrix} 2 & 0 & 0 \\ 0 & 1 & 0 \\ 0 & 0 & 3 \end{bmatrix}$ |

# 5.1  基于 Hadoop 的大数据 K-近邻算法

下面讨论 K-近邻算法在大数据环境中的可扩展性, 介绍基于 Hadoop 的大数据 K-近邻算法及其编程实现.

## 5.1.1  大数据 K-近邻算法的基本思想

设 $D$ 是大数据训练集, $\boldsymbol{x}$ 是测试样例. 大数据 K-近邻算法的基本思想依然是分而治之. 首先, 将 $D$ 划分为 $m$ 个子集 $D_1, D_2, \cdots, D_m$; 然后, 将 $\boldsymbol{x}$ 和 $D_i (1 \leqslant i \leqslant m)$ 部署到 $m$ 个云计算节点上. 在各个节点上, 并行地计算测试样例 $\boldsymbol{x}$ 在 $D_i$ 上的局部 K-近邻 $N_i(\boldsymbol{x}), 1 \leqslant i \leqslant m$; 最后, 合并 $\boldsymbol{x}$ 的 $m$ 个局部 K-近邻子集 $\bigcup_{i=1}^{m} N_i(\boldsymbol{x})$. 对 $\bigcup_{i=1}^{m} N_i(\boldsymbol{x})$ 中的样例按与 $\boldsymbol{x}$ 的距离由小到大排序, 得到 $\boldsymbol{x}$ 的全局 K-近邻 $N(\boldsymbol{x})$.

大数据 K-近邻算法的基本思想可用图 5.1 直观地描述.

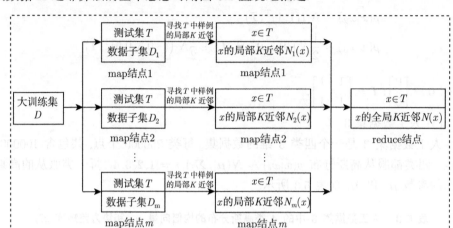

图 5.1   大数据 K-近邻算法的基本思想示意图

### 5.1.2   大数据 K-近邻算法的 MapReduce 编程实现

我们在 Hadoop 平台上用 Java 语言编程实现了大数据 K-近邻算法. 具体地, 在 Mapper 阶段, 计算测试样例 $x$ 到训练集 $D$ 中每一个样例之间的距离, 输出训练样例与 $x$ 之间的距离及训练样例的类标; 在 Combiner 阶段, 对本地 map 任务输出的结果进行筛选, 选择距离测试样例 $x$ 最近的 $K$ 个样例及其类标; 在 Reducer 阶段, 在大数据训练集 $D$ 中, 寻找距离测试样例 $x$ 最近的 $K$ 个样例及其类标, 并根据多数投票的原则, 确定测试样例 $x$ 的类别.

用 Java 语言编程实现的大数据 K-近邻算法的 MapReduce 程序包括 8 个 Java 源程序文件, 即 Distance.java、Sort.java、DistanceAndLabel.java、Instance.java、KNNCombiner、KNNMain.java、KNNMapper.java 和 KNNReducer.java.

Distance.java 包含一个 EuclideanDistance 静态方法, 用来计算两个样例之间的欧氏距离. 如果需要使用其他距离的定义, 可以在这里添加计算距离的方法. Distance.java 的源程序文件如下.

源程序文件 Distance.java

```
package util;
public class Distance {
    public static double EuclideanDistance(double[] a, double[] b
        ) throws Exception {
        if (a.length!=b.length)
            throw new Exception("size not compatible!");
```

```
       double sum=0.0;
       for (int i=0; i<a.length; i++) {
           sum+=Math.pow(a[i]-b[i], 2);
       }
       return Math.sqrt(sum);
   }
}
```

Sort.java 包含 getNearest 和 indexOfMax 两个静态方法. getNearest 用来在一个集合中找到距离最小的 $K$ 个对象, 并返回一个新集合. indexOfMax 获取集合最大值的索引. Sort.java 的源程序文件如下.

源程序文件 Sort.java

```
package util;
import java.util.ArrayList;
import main.DistanceAndLabel;
public class Sort{
    public static ArrayList<DistanceAndLabel> getNearest(
        ArrayList<DistanceAndLabel> list ,int k){
        ArrayList<DistanceAndLabel> result = new ArrayList<>();
        for(int i = 0; i< list.size(); i++) {
        if(result.size() < k) {
            result.add(list.get(i));
               }else {
             int index = indexOfMax(result);
            if(list.get(i).distance < result.get(index).distance)
               {
            result.remove(index);
            result.add(list.get(i));
               }
        }
    }
    return result;
}
    public static int indexOfMax(ArrayList<DistanceAndLabel>
        array){
    int index = -1;
```

```
        Double min = Double.MIN_VALUE;
        for (int i = 0;i < array.size();i++){
          if(array.get(i).distance > min){
            min = array.get(i).distance;
            index = i;
          }
        }
      return index;
    }
}
```

DistanceAndLabel.java 可看作一种数据结构, 用来保存类别和距离, 同时可以实现 Hadoop 的序列化. DistanceAndLabel.java 的源程序文件如下.

源程序文件 DistanceAndLabel.java

```
package main;
import java.io.DataInput;
import java.io.DataOutput;
import java.io.IOException;
import org.apache.hadoop.io.WritableComparable;
//实现WritableComparable接口，从而实现hadoop的序列化;
public class DistanceAndLabel implements WritableComparable<
    DistanceAndLabel > {
  public double distance;
  public double label;
  public DistanceAndLabel(double distance, double label) {
      super();
      this.distance = distance;
      this.label = label;
  }
  public DistanceAndLabel() {
      super();
  }
  @Override
  public void readFields(DataInput in) throws IOException {
      this.distance = in.readDouble();
      this.label = in.readDouble();
```

```
    }
    @Override
    public void write(DataOutput out) throws IOException {
        out.writeDouble(this.distance);
        out.writeDouble(label);
    }
    @Override
    public int hashCode() {
        final int prime = 31;
        int result = 1;
        long temp;
        temp = Double.doubleToLongBits(distance);
        result = prime * result + (int) (temp ^ (temp >>> 32));
        temp = Double.doubleToLongBits(label);
        result = prime * result + (int) (temp ^ (temp >>> 32));
        return result;
    }
    @Override
    public boolean equals(Object obj) {
        if (this == obj)
            return true;
        if (obj == null)
            return false;
        if (getClass() != obj.getClass())
            return false;
        DistanceAndLabel other = (DistanceAndLabel) obj;
        if (Double.doubleToLongBits(distance) != Double.
            doubleToLongBits(other.distance))
            return false;
        return true;
    }
    @Override
    public int compareTo(DistanceAndLabel o) {
        if(o.equals(this)) {
            return 0;
        }else if(o.distance < this.distance) {
            return -1;
```

```
        }else {
            return 1;
        }
    }
    @Override
    public String toString() {
        return "DistanceAndLabel [distance=" + distance + ",
            label=" + label + "]";
    }
}
```

Instance.java 定义了一个样例类, 包含样例的属性和类别, 每从数据文件中读取一行, 就创建一个该类的对象. 同时, 为了能够让其作为 MapReduce 的 Key 或 Value, 实现了 Hadoop 的序列化 (实现 WritableComparable 接口). 其中重载了 4 个构造方法, 2 个无参构造方法, 2 个有参构造方法. 具体地, readFields 方法和 write 方法可以实现 Hadoop 的序列化, compareTo 方法可以实现两个对象之间的大小比较, toString 方法实现其对象的格式化输出. Instance.java 的源程序文件如下.

源程序文件 Instance.java

```
package main;
import java.io.DataInput;
import java.io.DataOutput;
import java.io.IOException;
import java.util.Arrays;
import org.apache.hadoop.io.WritableComparable;
//实现WritableComparable接口, 从而实现hadoop的序列化
public class Instance implements WritableComparable<Instance> {
    private double[] attributeValue;//样例的属性
    private double label; //样例的类别
    /**
    * a line of form a1 a2 ...an lable
    *
    * @param line
    */
    public Instance(String line) {
        String[] value = line.split(" ");
```

```
        attributeValue = new double[value.length - 1];
        for (int i = 0; i < attributeValue.length; i++) {
            attributeValue[i] = Double.parseDouble(value[i]);
        }
        label = Double.parseDouble(value[value.length - 1]);
    }
    public Instance() {
        super();
        // TODO Auto-generated constructor stub
    }
    public Instance(double[] attribute,double label) {
        this.attributeValue = attribute;
        this.label = label;
    }
    public double[] getAtributeValue() {
        return attributeValue;
    }
    public double getLable() {
        return label;
    }
    @Override
    public int hashCode() {
        final int prime = 31;
        int result = 1;
        result = prime*result + Arrays.hashCode(attributeValue);
        long temp;
        temp = Double.doubleToLongBits(label);
        result = prime * result + (int) (temp ^ (temp >>> 32));
        return result;
    }
    @Override
    public boolean equals(Object obj) {
        if (this == obj)
            return true;
        if (obj == null)
            return false;
```

```
        if (getClass() != obj.getClass())
            return false;
        Instance other = (Instance) obj;
        if (!Arrays.equals(attributeValue, other.attributeValue))
            return false;
        return true;
    }
    @Override
    public void readFields(DataInput in) throws IOException {
        int len = in.readInt();
        this.attributeValue = new double[len];
        for (int i = 0; i < len; i++) {
            this.attributeValue[i] = in.readDouble();
        }
        this.label = in.readDouble();
    }
    @Override
    public void write(DataOutput out) throws IOException {
        out.writeInt(this.attributeValue.length);
        for (double a : this.attributeValue) {
            out.writeDouble(a);
        }
        out.writeDouble(label);
    }
    @Override
    public int compareTo(Instance o) {
        if (!o.equals(this)) {
            return -1;
        }
        return 0;
    }
    @Override
    public String toString() {
        return "Instance [attributeValue=" + Arrays.toString(
            attributeValue) + ", label=" + label + "]";
    }
}
```

KNNCombiner.java 是 Combiner 类的实现, 可以实现 setup 方法和 reduce 方法. 获取 map 的输出, 将相同的测试样例及其与每个训练样例的距离和类别合并到一起作为 <key, value>. 其中, setup 方法获取 $K$ 值, reduce 方法找到测试样例目前对应的 $K$ 个最近邻. 输出 (测试样例, 目前计算出的 $K$ 个最近邻). KNNCombiner.java 的源程序文件如下.

源程序文件 KNNCombiner.java

```java
import java.util.Collections;
import java.util.Iterator;
import org.apache.commons.collections.IteratorUtils;
import org.apache.hadoop.MapReduce.Reducer;
import org.mockito.internal.util.ArrayUtils;
import com.google.inject.spi.Message;
import com.sun.jersey.api.MessageException;
import util.Sort;
/* combiner阶段获取本地map阶段的输出，将相同测试集样例及其与每个训练集样例距离
    和类别合并到一起，作为combiner的输入，输出为(测试集样例,本地节点计算出的最
    近的k个近邻) */
public class KNNCombiner extends Reducer<Instance,
    DistanceAndLabel, Instance, DistanceAndLabel> {
    private int k;//声明参数k
    @Override
    protected void setup(Context context) throws IOException,
        InterruptedException {
        this.k = context.getConfiguration().getInt("k", 1);
            //获取k的值
    }
    @Override
    protected void reduce(Instance testInstance, Iterable<
        DistanceAndLabel> iter,Context context)
        throws IOException, InterruptedException {
        ArrayList<DistanceAndLabel> list = new ArrayList<>();
            //初始化一个集合，保存输入的value值
        for(DistanceAndLabel d : iter) {
            //将iter中的元素，加入到list集合中
            DistanceAndLabel tmp = new DistanceAndLabel(d.
                distance, d.label);
```

```
            list.add(tmp);
        }
        list = Sort.getNearest(list, k);      //在该测试样例与训练样例的
            //距离中，找到最近的k个距离和对应的类别标签
        for(DistanceAndLabel dal : list) { //输出(测试集样例，本地节点
            //计算出的最近的k个近邻)
            context.write(testInstance, dal);
        }
    }
}
```

　　KNNMain.java 是 MapReduce 程序的入口. 负责创建一个 MapReduce 任务, 然后设置任务的如下配置和参数.

　　① 设置任务的名字.

　　② 设置任务的入口.

　　③ 设置任务所需参数, 包括 $K$ 的取值、训练集、测试集路径、输出路径.

　　④ 设置任务运行所需的 Mapper 实现类和 Reducer 实现类及其对应的输入输出的类型.

　　⑤ 如果有 Combiner, 则设置 Combiner 对应的实现类.

　　KNNMain.java 的源程序文件如下.

源程序文件 KNNMain.java

```
package main;
import java.net.URI;
import org.apache.hadoop.fs.Path;
import org.apache.hadoop.io.NullWritable;
import org.apache.hadoop.io.Text;
import org.apache.hadoop.MapReduce.Job;
import org.apache.hadoop.MapReduce.filecache.DistributedCache;
import org.apache.hadoop.MapReduce.lib.input.FileInputFormat;
import org.apache.hadoop.MapReduce.lib.output.FileOutputFormat;
public class KNNMain {
    public static void main(String[] args) throws Exception {
        Job job = Job.getInstance();//创建一个MapReduce任务
        job.setJobName("KNN");//任务名字为KNN
```

```
DistributedCache.addCacheFile(URI.create(args[2]), job.
    getConfiguration());
        //从命令行获取测试集的文件路径
job.setJarByClass(KNNMain.class);//设置任务的主程序
job.getConfiguration().setInt("k", Integer.parseInt(args
    [3])); //从命令行获取k的值
job.setMapperClass(KNNMapper.class); //设置map阶段的任务
job.setMapOutputKeyClass(Instance.class);
        //设置map阶段的输出key类型
job.setMapOutputValueClass(DistanceAndLabel.class);
        //设置map阶段输出value类型
job.setCombinerClass(KNNCombiner.class); //设置combiner
job.setReducerClass(KNNReducer.class); //设置reduce阶段的任务
job.setOutputKeyClass(Text.class);//设置reudce阶段输出key类型
job.setOutputValueClass(NullWritable.class);
        //设置reduce阶段输出value类型
FileInputFormat.addInputPath(job, new Path(args[0]));
        //训练集文件的路径
FileOutputFormat.setOutputPath(job, new Path(args[1]));
        //任务输出结果路径
job.waitForCompletion(true);        //开始执行任务
    }
}
```

KNNMapper.java 是 K-近邻算法 Mapper 类的实现, 可以实现 setup 方法和 map 方法. 其中, setup 方法获取测试集, 并将其加载到集合 testSet 中. 这个方法在 Map 阶段 map 方法执行前运行, 而且只运行一次. map 方法按行读取训练集, 计算每一个训练样例与每一个测试样例的距离, 输出测试样例与训练样例的距离及其类别. KNNMapper.java 的源程序文件如下.

源程序文件 KNNMapper.java

```
package main;
import java.io.BufferedReader;
import java.io.FileReader;
import java.io.IOException;
import java.util.ArrayList;
import org.apache.hadoop.filecache.DistributedCache;
```

```java
import org.apache.hadoop.fs.Path;
import org.apache.hadoop.io.LongWritable;
import org.apache.hadoop.io.Text;
import org.apache.hadoop.MapReduce.Mapper;
import com.sun.jersey.api.MessageException;
import util.Distance;
/*
 * map阶段的输入为训练集文本文件格式为: 1.0 2.0 3.0 1, 最后一列为类别标签
 * 1.0 2.1 3.1 1
 * 输出为: (训练样例, DistanceAndLabel), DistanceAndLabel包含距离和类别
 */
public class KNNMapper extends Mapper<LongWritable, Text,
    Instance, DistanceAndLabel > {
    private ArrayList<Instance> testSet = new ArrayList<Instance
        >(); // 测试集
    // k1为训练集中行偏移量v1为偏移量对应的内容(属性, 类别)
    @Override
    protected void map(LongWritable k1, Text v1, Context context)
        throws IOException, InterruptedException {
        Instance trainInstance = new Instance(v1.toString());
            // 一个训练集中的样例
        double label = trainInstance.getLable();
        // 获取训练样例类别遍历测试集, 计算到训练样例的距离
        for (Instance testInstance : testSet) {
            // 计算距离
            double dis = 0.0;
            try {
                dis = Distance.EuclideanDistance(testInstance.
                    getAtrributeValue(),
                trainInstance.getAtrributeValue());
                    //计算测试集样例与训练集样例的欧氏距离
                DistanceAndLabel dal = new DistanceAndLabel(dis,
                    label);
                    //将计算出的距离和训练集样例对应的类别标签封装成
                    //DistanceAndLabel对象
                context.write(testInstance, dal); //map输出
            } catch (Exception e) {
```

```
                    e.printStackTrace();
            }
        }
}
//在每个map节点加载测试集格式: 3.3 6.9 8.8 -1, 最后一列为类别标签, 都初始
//化为-1
//2.5 3.3 10.0 -1
//将测试集中的每一行都封装成一个Instance对象, 加入到testSet集合中
@Override
protected void setup(Context context) throws IOException,
    InterruptedException {
    Path[] testFile = DistributedCache.getLocalCacheFiles(
        context.getConfiguration()); //获取输入的测试集文件路径
    BufferedReader br = null; //声明一个字符输入流
    String line;
    for (int i = 0; i < testFile.length; i++) {
        br = new BufferedReader(new FileReader(testFile[0].
            toString()));
            //根据测试集文件路径初始化字符输入流
        while ((line = br.readLine()) != null) {
            //按行读取测试集文件
            Instance testInstance = new Instance(line);
            //根据测试集的一行, 创建一个Instance对象
            testSet.add(testInstance); //加入testSet集合中
        }
    }
}
```

KNNReducer.java 是 Reducer 类的实现, 可以实现 setup 方法、reduce 方法、valueOfMostFrequent 方法. 输入为测试样例和所有 combiner 输出的 $K \times n$ 个最近邻 $n$ 为 combiner 的个数, 根据输入文件的大小来确定. valueOfMostFrequent 方法统计 $K$ 个最近邻中类别最多的, 用来得到测试样例的最终类别. setup 方法获取 $K$ 值, reduce 方法找到测试样例对应的 $K$ 个近邻, 并通过 valueOfMostFrequent 方法确定测试样例的类别, 输出包含类别的测试样例. KNNReducer.java 的源程序文件如下.

## 源程序文件 KNNReducer.java

```
package main;
import java.io.IOException;
import java.util.ArrayList;
import java.util.Collections;
import java.util.HashMap;
import java.util.Iterator;
import java.util.Map;
import java.util.Map.Entry;
import org.apache.commons.collections.IteratorUtils;
import org.apache.hadoop.io.NullWritable;
import org.apache.hadoop.io.Text;
import org.apache.hadoop.MapReduce.Reducer;
import util.Sort;
//#  testSample     DistAndLabel(dist,lable)
public class KNNReducer extends Reducer<Instance,
    DistanceAndLabel, Text, NullWritable> {
    private int k; // 声明参数k
    @Override
    protected void setup(Context context) throws IOException,
        InterruptedException {
        k = context.getConfiguration().getInt("k", 1);
            //获取k的值
    }
    @Override
    protected void reduce(Instance k3, Iterable<DistanceAndLabel
        > v3, Context context)
            throws IOException, InterruptedException {
        ArrayList<DistanceAndLabel> list = new ArrayList<>();
            // 初始化一个集合, 保存输入的value值
        for (DistanceAndLabel d : v3){//将v3中的元素, 加入到list集合中
            DistanceAndLabel tmp = new DistanceAndLabel(d.
                distance, d.label);
            list.add(tmp);
        }
        list = Sort.getNearest(list, k); // 在该测试样例与训练样例的
```

```
                    //距离中，找到最近的k个距离，和对应的类别标签
        try {
            Double label = valueOfMostFrequent(list);
                // 投票找到最多的类别标签
            Instance ins = new Instance(k3.getAtrributeValue(),
                label);
                // 将测试样例，和投票得到的类别封装成Instance对象
            context.write(new Text(ins.toString()), NullWritable.
                get());
                // 输出测试样例和预测的结果
        } catch (Exception e) {
            e.printStackTrace();
        }
    }
    // 在list集合中找到出现次数最多的类别
    public Double valueOfMostFrequent(ArrayList<DistanceAndLabel
        > list) throws Exception {
        if (list.isEmpty())
            throw new Exception("list is empty!");
        else {
        HashMap<Double, Integer> tmp = new HashMap<Double,
            Integer>();
        for (int i = 0; i < list.size(); i++) {
            if (tmp.containsKey(list.get(i).label)) {
                Integer frequence = tmp.get(list.get(i).label
                    ) + 1;
                tmp.remove(list.get(i).label);
                tmp.put(list.get(i).label, frequence);
            } else {
                tmp.put(list.get(i).label, new Integer(1));
            }
        }
        // find the value with the maximum frequence
        Double value = new Double(0.0);
        Integer frequence = new Integer(Integer.MIN_VALUE);
        Iterator<Entry<Double, Integer>> iter = tmp.entrySet
            ().iterator();
```

```
            while (iter.hasNext()) {
                Map.Entry<Double, Integer> entry = (Map.Entry<
                    Double, Integer>)iter.next();
                if (entry.getValue() > frequence) {
                    frequence = entry.getValue();
                    value = entry.getKey();
                }
            }
            return value;
        }
    }
}
```

# 5.2　基于 Hadoop 的大数据极限学习机

## 5.2.1　大数据极限学习机的基本思想

下面讨论针对大数据环境的 ELM 及其 Hadoop 实现. 从算法 1.10 可以看出, 第 3~5 行的 for 循环随机生成输入层权矩阵 $W$ 和隐含层节点的偏置向量 $b$, 可以在很短的时间内完成. 第 6~10 行的 for 循环计算隐含层输出矩阵 $H$, 可以并行地进行. 算法的第 11 行计算输出层权矩阵 $\hat{\beta}$. 在这一步中, 关键是计算 $H$ 的 Moore-Penrose 广义逆矩阵.

因为 $H$ 是 $n \times m$ 的矩阵, 所以 $H \times H^{\mathrm{T}}$ 是 $n \times n$ 的矩阵. 在大数据环境中, 样例数 $n$ 非常大, 矩阵 $H \times H^{\mathrm{T}}$ 需要的存储容量往往超过计算机的主存, 从而导致极限学习机算法不可行 [53]. 然而, 一般情况下, $n >> m$, 即样例数 $n$ 远大于隐含层节点数 $m$. 根据矩阵理论, 计算矩阵 $H \times H^{\mathrm{T}}$ 可用计算矩阵 $H^{\mathrm{T}} \times H$ 代替, 而 $H^{\mathrm{T}} \times H$ 是 $m \times m$ 的矩阵, 比 $H \times H^{\mathrm{T}}$ 要小的多. 这样, 就可以利用式 (5.1) 计算输出层矩阵 $\hat{\beta}^{[53\text{-}55]}$.

$$\hat{\beta} = \left( \frac{I}{\lambda} + H^{\mathrm{T}}H \right)^{-1} H^{\mathrm{T}}Y \tag{5.1}$$

大数据极限学习机的基本思想就是将矩阵 $H$ 的 Moore-Penrose 广义逆的计算转为计算 $U = H^{\mathrm{T}}H$ 和 $V = H^{\mathrm{T}}Y$.

## 5.2.2　大数据极限学习机的 MapReduce 编程实现

我们在 Hadoop 平台上用 Java 语言编程实现大数据 K-近邻算法. 具体地, 在 Mapper 阶段, 对每个样例 $x_i$, 计算其对应的隐层输出结果 $h_i$, 并计算 $h_ih_j$ 和 $h_iy_j$.

其中, $h_i$ 和 $h_j$ 是矩阵 $H$ 的第 $i$ 行和第 $j$ 行; $y_j$ 是矩阵 $Y$ 的第 $j$ 行. Mapper 阶段的输出为 < 对应矩阵$U$中的索引, $h_i h_j$ > 和 < 对应矩阵$V$中的索引, $h_i y_j$ >.

在 Combiner 阶段, 将 Map 阶段索引值相同的元素, 在本地累加求和, 输出为 < 对应矩阵$U$中的索引, $\mathrm{sum}(h_i h_j)$ > 或 < 对应矩阵$V$中的索引, $\mathrm{sum}(h_i y_j)$ >. Combiner 阶段的目的是减少数据传输的数量, 提高算法效率.

在 Reducer 阶段, 将具有相同索引的值求和, 并把结果输出到文件系统中. 大数据 ELM 的 MapReduce 程序包括 10 个 Java 源程序文件, 即 ELMModel.java、ELMMapper.java、 ELMReducer.java、 ELMDriver.java、 TestForFunction.java、TestMain.java、OpUtils.java、RandomGenerateWeight.java、Triple.java 和 Tuple.java. 其中, 后 4 个文件是 MapReduce 程序中用到的工具.

ELMModel.java 是 ELM 的主类, 是对基于 Hadoop 平台的并行 ELM 算法中调用方法的封装. 具体的封装函数如下.

① 构造函数, 包括一个有参构造函数和一个无参构造函数.

② 训练 ELM 的函数, 构造 ELMDriver 类的 elmDriver 对象, 调用 elmDriver 的 run 方法, 训练 ELM 分类器.

③ 读取输入层矩阵的函数, 将输入层权矩阵文件读成二维数组的形式.

④ 读取输出层矩阵的函数, 将输出层权矩阵文件读成二维数组的形式.

⑤ 预测函数, 将测试集作为参数输入, 从本地读取训练的 ELM 分类器的输入层权矩阵和输出层权矩阵, 预测测试集中每一个样例所属类别.

⑥ 计算精度函数, 根据预测的测试集样例所属的类别与测试集所有样例的真实类别, 计算 ELM 分类器的精度.

ELMModel.java 的源程序文件如下.

源程序文件 ELMModel.java

```
package qjx.elmStrat;
import java.io.BufferedReader;
import java.io.FileReader;
import java.io.IOException;
import org.apache.commons.math3.linear.Array2DRowRealMatrix;
import util.OpUtils;
import util.Tuple;
/*
 * ELM模型的主类，包含训练、评估、预测三个方法.
 */
public class ELMModel {
```

```java
    public int d;
    public int l;
    public int m;
    public double lambda;
    public String inputWeightFile;
    public String outputWeightFile;
    public ELMModel() {
        super();
    }
    public ELMModel(int d, int l, int m, double lambda, String
        inputWeightFile, String outputWeightFile) {
        super();
        this.d = d;
        this.l = l;
        this.m = m;
        this.lambda = lambda;
        this.inputWeightFile = inputWeightFile;
        this.outputWeightFile = outputWeightFile;
    }
    // 训练模型
    public void training(String trainingDataFile) {
        ELMDriver elmDriver = new ELMDriver(d, l, m, lambda);
        elmDriver.run(inputWeightFile, trainingDataFile,
            outputWeightFile);
    }
    // 预测
    @SuppressWarnings("unused")
    public double[] predict(double[][] x) {
        double[][] xAddOneColunm = new double[x.length][d + 1];
        for (int i = 0; i < xAddOneColunm.length; i++) {
            for (int j = 0; j < xAddOneColunm[i].length; j++) {
                if (j == xAddOneColunm[i].length - 1) {
                    xAddOneColunm[i][j] = 1.0;
                } else {
                    xAddOneColunm[i][j] = x[i][j];
                }
            }
        }
```

```
    }
    double[] pred = new double[x.length];
    Array2DRowRealMatrix data = (Array2DRowRealMatrix) new
        Array2DRowRealMatrix(xAddOneColunm).transpose();
    Array2DRowRealMatrix inputWeight = readInputWeightFile(
        inputWeightFile);
    Array2DRowRealMatrix outputWeight = (Array2DRowRealMatrix
        ) readOutputWeightFile(outputWeightFile).transpose();
    double[][] z = inputWeight.multiply(data).getData();
    for (int i = 0; i < z.length; i++) {
        for (int j = 0; j < z[i].length; j++) {
            z[i][j] = OpUtils.sigmoid(z[i][j]);
        }
    }
    Array2DRowRealMatrix hiddenMatrix = new
        Array2DRowRealMatrix(z);
    Array2DRowRealMatrix predMatrix = (Array2DRowRealMatrix)
        outputWeight.multiply(hiddenMatrix).transpose();
    double[][] predArr = predMatrix.getData();
    for (int i = 0; i < predArr.length; i++) {
        double max = predArr[i][0];
        int maxIndex = 0;
        for (int j = 1; j < predArr[i].length; j++) {
            if (predArr[i][j] > max) {
                max = predArr[i][j];
                maxIndex = j;
            }
        }
        pred[i] = maxIndex + 1; // 类别是索引值加1
    }
    return pred;
}
// 从本地读取ELM的输出层权值矩阵
public Array2DRowRealMatrix readOutputWeightFile(String
    outputWeightFile) {
    double[][] outputWeight = new double[l][m];
    BufferedReader br = null;
```

```
        try {
            br = new BufferedReader(new FileReader(
                outputWeightFile));
            String line = null;
            int row = 0;
            while ((line = br.readLine()) != null) {
                String[] split = line.split(",");
                outputWeight[row] = OpUtils.Array2Double(split);
                row++;
            }
        } catch (Exception e) {
            e.printStackTrace();
        }
        try {
            br.close();
        } catch (IOException e) {
            e.printStackTrace();
        }
        return new Array2DRowRealMatrix(outputWeight);
    }
    // 从本地读取ELM的输入层权值矩阵
    public Array2DRowRealMatrix readInputWeightFile(String
        inputWeightFile) {
        double[][] inputWeight = new double[l][d + 1];
        BufferedReader br = null;
        try {
            br = new BufferedReader(new FileReader(
                inputWeightFile));
            String line = null;
            int row = 0;
            while ((line = br.readLine()) != null) {
                String[] split = line.split(",");
                inputWeight[row] = OpUtils.Array2Double(split);
                row++;
            }
        } catch (Exception e) {
            e.printStackTrace();
```

```
        }
        try {
            br.close();
        } catch (IOException e) {
            e.printStackTrace();
        }
        return new Array2DRowRealMatrix(inputWeight);
    }
    // 评估模型
    @SuppressWarnings("unused")
    public void evaluate(String testDataFile, int dataNum) {
        double[][] testData = new double[dataNum][d];
        double[] tTestReal = new double[dataNum];
        double[] tTestPred = new double[dataNum];
        BufferedReader br = null;
        try {
            br=new BufferedReader(new FileReader(testDataFile));
            String line = null;
            int row = 0;
            while ((line = br.readLine()) != null) {
                String[] split = line.split(" ");
                Tuple parse = OpUtils.parse(split);
                double[] xTest = parse.getX();
                double t = parse.getT();
                testData[row] = xTest;
                tTestReal[row] = t;
                row++;
            }
        } catch (Exception e) {
            e.printStackTrace();
        } finally {
            try {
                br.close();
            } catch (IOException e) {
                e.printStackTrace();
            }
        }
```

```
        tTestPred = predict(testData);
        int rightNum = 0;
        for (int i = 0; i < tTestPred.length; i++) {
            if (tTestPred[i] == tTestReal[i]) {
                rightNum++;
            }
        }
        System.out.println("right num is:" + rightNum);
        System.out.println("accuracy is:" + (rightNum * 1.0 /
            dataNum));
    }
}
```

ELMMapper.java 定义了 ELMMapper 类, 封装了 setup 方法和 map 方法.

① setup 方法, 获取输入层权值矩阵, 将其加载到缓存中. 这个方法在 Map 阶段 map 方法执行前运行, 且只运行一次.

② map 方法, 按行读取训练集, 每一条样例计算一个隐层子矩阵 $h$ 输出, 并行计算 $U$ 子矩阵和 $V$ 子矩阵, 输出 (("U", 行号, 列号) 值)) 和 (("V", 行号, 列号) 值).

ELMMapper.java 的源程序文件如下.

源程序文件 ELMMapper.java

```
package qjx.elmStrat;
import java.io.BufferedReader;
import java.io.IOException;
import java.io.InputStream;
import java.io.InputStreamReader;
import java.util.Arrays;
import org.apache.hadoop.conf.Configuration;
import org.apache.hadoop.fs.FileSystem;
import org.apache.hadoop.fs.Path;
import org.apache.hadoop.io.DoubleWritable;
import org.apache.hadoop.io.IOUtils;
import org.apache.hadoop.io.LongWritable;
import org.apache.hadoop.io.Text;
import org.apache.hadoop.MapReduce.Mapper;
```

```
import util.OpUtils;
import util.Triple;
import util.Tuple;
public class ELMMapper extends Mapper<LongWritable, Text, Triple
    , DoubleWritable> {
    private Integer l = null; // 隐层节点数
    private Integer m = null; // 输出层节点数
    private Integer d = null; // 输入层节点数
    private double[][] u = null; // H.T*H
    private double[][] v = null; // H.T*T
    private double[][] w = null; // 输入层权值矩阵
    private double[] b = null; // 输入层偏置
    // 初始化输入层权值矩阵
    @Override
    protected void setup(Context context) throws IOException,
        InterruptedException {
        Configuration conf = context.getConfiguration();
        l = conf.getInt("hidden_unit", 10);
        m = conf.getInt("class_num", 2);
        d = conf.getInt("data_dimension", 2);
        u = new double[l][l];
        v = new double[l][m];
        w = new double[l][d];
        b = new double[l];
        Arrays.fill(b, 0.0);
        Arrays.fill(u, b);
        Arrays.fill(v, b);
        String path = conf.get("random_weigth");
        FileSystem fs = FileSystem.get(conf);
        InputStream in = null;
        try {
            in = fs.open(new Path(path));
            BufferedReader br = new BufferedReader(new
                InputStreamReader(in));
            String line = null;
            int row = 0;
            while ((line = br.readLine()) != null) {
```

```
                String[] arr = line.split(",");
                w[row] = OpUtils.Array2Double(Arrays.copyOfRange(
                    arr, 0, arr.length - 1));
                b[row] = Double.parseDouble(arr[arr.length - 1]);
                row++;
            }
        } finally {
            IOUtils.closeStream(in);
        }
    }
    @Override
    protected void map(LongWritable key, Text value, Context
        context) throws IOException, InterruptedException {
        String[] split = value.toString().split(" ");
        Tuple tuple = OpUtils.parse(split);
        double[] x = tuple.getX();
        int t = (int) tuple.getT();
        Double[] oneHot = OpUtils.oneHot(t, m);
        double[] h = new double[l];
        //计算隐层输出
        for (int i = 0; i < l; i++) {
            double z = OpUtils.mutiply(w[i], x) + b[i];
            h[i] = OpUtils.sigmoid(z);
        }
        //计算矩阵U和矩阵V
        for (int i = 0; i < l; i++) {
            for (int j = 0; j < l; j++) {
                u[i][j] = h[i] * h[j];
                context.write(new Triple("U", i, j), new
                    DoubleWritable(u[i][j]));
            }
            for (int j = 0; j < m; j++) {
                v[i][j] = h[i] * oneHot[j];
                context.write(new Triple("V", i, j), new
                    DoubleWritable(v[i][j]));
            }
        }
```

```
        }
    }
```

ELMReducer.java 定义 ELMCombiner 类, 封装 reduce 方法. 它获取 map 的输出, 将 $U$ 子矩阵和 $V$ 子矩阵中相同位置上的元素相加求和, 将结果加到一起作为 value 输出, key 保持不变. ELMCombiner.java 的源程序文件如下.

源程序文件 ELMReducer.java

```java
package qjx.elmStrat;
import java.io.IOException;
import org.apache.hadoop.io.DoubleWritable;
import org.apache.hadoop.MapReduce.Reducer;
import util.Triple;
public class ELMReducer extends Reducer<Triple,DoubleWritable,
    Triple,DoubleWritable>{
    @Override
    protected void reduce(Triple triple,Iterable<DoubleWritable
        > values,Context context)
            throws IOException,InterruptedException{
        Double sum = 0.0;
        for(DoubleWritable value : values){
            sum += value.get();
        }
        context.write(new Triple(triple.getLeft(),triple.
            getMiddle(),triple.getRight()),new DoubleWritable(
            sum));
    }
}
```

ELMDriver.java 定义了 ELMDriver 类, 封装了如下函数.

① 构造函数, 包括一个有参构造函数和一个无参构造函数.

② run 函数, 它是程序入口, 负责创建一个 MapReduce 任务, 然后设置任务的一些配置和所需参数.

第一, 设置任务的名字.

第二, 设置任务的入口, 包括数据的维数、隐层节点的个数、输出层节点的个数、权重文件的存放位置、训练数据集存放位置、算法输出文件位置.

第三, 设置任务运行所需的 Mapper 实现类、Combiner 实现类和 Reducer 实现类及其对应的输入输出类型.

第四, 从文件中读取 MapReduce 计算的矩阵, 并以文件的形式保存在本地.

③ writeArrayToFile 函数, 将最终计算出的输出层权值矩阵保存到本地文件中.

④ readFileToArray 函数, 从文件中读取 MapReduce 计算的矩阵 $U$ 和矩阵 $V$, path 为 HDFS 路径.

⑤ inverseMatrix 函数, 用于求解逆矩阵.

ELMDriver.java 的源程序文件如下.

源程序文件 ELMDriver.java

```
package qjx.elmStrat; import java.io.BufferedReader; import
java.io.BufferedWriter; import java.io.FileOutputStream; import
java.io.InputStream; import java.io.InputStreamReader; import
java.io.OutputStreamWriter; import
org.apache.commons.math3.linear.Array2DRowRealMatrix; import
org.apache.commons.math3.linear.LUDecomposition; import
org.apache.commons.math3.linear.RealMatrix; import
org.apache.hadoop.conf.Configuration; import
org.apache.hadoop.fs.FileSystem;import org.apache.hadoop.fs.Path;
import org.apache.hadoop.io.DoubleWritable; import
org.apache.hadoop.mapReduce.Job; import
org.apache.hadoop.mapReduce.lib.input.FileInputFormat; import
org.apache.hadoop.mapReduce.lib.output.FileOutputFormat; import
util.RandomGenerateWeight; import util.Triple;
// ELM并行计算隐藏层矩阵H和H.T*H,H.T*T的主类.
public class ELMDriver {
    public int d; //数据的维度
    public int l; //隐层节点的个数
    public int m; //输出层节点的个数
    public double lambda = 1.0; //超参数
    public final static Configuration conf = new Configuration();
    public ELMDriver() {
        super();
    }
    public ELMDriver(int d, int l, int m, double lambda) {
        super();
        this.d = d;
```

```
        this.l = l;
        this.m = m;
        this.lambda = lambda;
    }
    public void run(String inputWeightFile, String
        trainingDataFile, String outputWeightFile) {
        FileSystem fs;
        try {
            fs = FileSystem.get(conf);
            RandomGenerateWeight.generate(l, (d + 1),
                inputWeightFile);
            fs.copyFromLocalFile(new Path(inputWeightFile), new
                Path("/elm/"));
            conf.setInt("data_dimension", d);
            conf.setInt("hidden_unit", l);
            conf.setInt("class_num", m);
            conf.set("random_weigth", "/elm/weight.txt");
            Job job = Job.getInstance(conf);
            job.setJarByClass(TestMain.class);
            job.setMapperClass(ELMMapper.class);
            job.setMapOutputKeyClass(Triple.class);
            job.setMapOutputValueClass(DoubleWritable.class);
            job.setCombinerClass(ELMCombiner.class);
            job.setReducerClass(ELMReducer.class);
            job.setOutputKeyClass(Triple.class);
            job.setOutputValueClass(DoubleWritable.class);
            FileInputFormat.setInputPaths(job, new Path(
                trainingDataFile));
            FileOutputFormat.setOutputPath(job, new Path(
                outputWeightFile));
            job.waitForCompletion(true);
            double[][] u = new double[l][l];
            double[][] v = new double[l][m];
            double[][] one = new double[l][l];
            for (int i = 0; i < l; i++) {
                for (int j = 0; j < l; j++) {
                    if (i == j) {
```

```
                            one[i][j] = 1.0 / lambda;
                    } else {
                            one[i][j] = 0.0;
                    }
                }
        }
        readFileToArray(conf, outputWeightFile + "/part-r
            -00000", u, v);
        Array2DRowRealMatrix matrixU = new
            Array2DRowRealMatrix(u);
        Array2DRowRealMatrix matrixV = new
            Array2DRowRealMatrix(v);
        Array2DRowRealMatrix matrixOne = new
            Array2DRowRealMatrix(one);
        RealMatrix betaMatrix = inverseMatrix(matrixOne.add(
            matrixU)).multiply(matrixV);
        writeArrayToFile("./beta.txt", betaMatrix.getData());
    } catch (Exception e) {
        e.printStackTrace();
    }
}
//将最终计算出的输出层权值矩阵保存到本地文件中
public void writeArrayToFile(String localPath, double[][]
    array) throws Exception {
    FileOutputStream out = new FileOutputStream(localPath);
    BufferedWriter bw = new BufferedWriter(new
        OutputStreamWriter(out));
    for (int i = 0; i < array.length; i++) {
        String line = "";
        for (int j = 0; j < array[i].length; j++) {
            line += array[i][j] + ",";
        }
        bw.write(line);
        bw.write("\r\n");
    }
    bw.close();
}
```

```
//从文件中读取MR计算的矩阵U和矩阵V, path为HDFS路径
public void readFileToArray(Configuration conf, String path,
    double[][] u, double[][] v) throws Exception {
    FileSystem fs = FileSystem.newInstance(conf);
    InputStream in = null;
    in = fs.open(new Path(path));
    BufferedReader br = new BufferedReader(new
        InputStreamReader(in));
    String line = null;
    while ((line = br.readLine()) != null) {
        String[] split = line.split("\t");
        String[] arrIndex = split[0].split(",");
        if (arrIndex[0].equalsIgnoreCase("U")) {
            u[Integer.parseInt(arrIndex[1])][Integer.parseInt
                (arrIndex[2])]=Double.parseDouble(split[1]);
        } else {
            v[Integer.parseInt(arrIndex[1])][Integer.parseInt
                (arrIndex[2])]=Double.parseDouble(split[1]);
        }
    }
    br.close();
}
//计算矩阵的逆
public RealMatrix inverseMatrix(RealMatrix A) {
    RealMatrix result = new LUDecomposition(A).getSolver().
        getInverse();
    return result;
}
}
```

TestForFunction.java 定义 TestForFunction 类, 封装 main 方法, 用于评判 ELM 分类的性能. 具体的流程是构造 ELMMmodel 类的 elmModel 对象, 传入测试集数据, 调用 elmModel 类的 evaluate 方法, 评判 ELM 分类器的性能. TestForFunction.java 的源程序文件如下.

源程序文件 TestForFunction.java

```java
package qjx.elmStrat;
import org.apache.commons.math3.linear.LUDecomposition;
import org.apache.commons.math3.linear.RealMatrix;
// 测试类
public class TestForFunction {
    public static void main(String[] args) throws Exception {
        String inputWeightFile = "./weight.txt";
        String outputWeightFile = "./beta.txt";
        ELMModel elmModel = new ELMModel(2, 20, 2, 100,
            inputWeightFile, outputWeightFile);
        String testDataFile = "./t1.txt";
        elmModel.evaluate(testDataFile, 77855);
    }
    // 计算矩阵的逆
    public static RealMatrix inverseMatrix(RealMatrix A) {
        RealMatrix result = new LUDecomposition(A).getSolver().
            getInverse();
        return result;
    }
}
```

　　TestMain.java 是测试主函数, 功能包括以下两部分.
　　① 程序执行时参数的定义, 程序执行时需要传入的参数包括数据的维数、隐层节点的个数、输出层节点的个数、权重文件的存放位置、训练数据集存放位置、算法输出文件位置.
　　② 调用 ELMmodel 类中 training 方法训练 ELM 分类器.
　　TestMain.java 的源程序文件如下.

源程序文件 TestMain.java

```java
package qjx.elmStrat;
public class TestMain {
    public static void main(String[] args) throws Exception {
        int d = Integer.parseInt(args[0]);
        int l = Integer.parseInt(args[1]);
        int m = Integer.parseInt(args[2]);
```

```
        double lambda = Double.parseDouble(args[3]);
        ELMModel model = new ELMModel(d, l, m, lambda, args[4],
            args[5]);
        model.training(args[6]);
    }
}
```

下面介绍程序用到的 4 个工具.

OpUtils 类封装了如下函数.

① 构造函数, 是一个无参构造函数.

② sigmoid 函数, 隐含层节点的激活函数.

③ mutiply 函数, 重新定义两个数组乘法计算方式.

④ Array2Double 函数, 类型转换函数, 将字符串数据转换成 double 数组类型的数据.

⑤ parse 函数, 类型转换函数, 将字符串数据转换成 Tuple 类型.

⑥ oneHot 函数, 对样例类别信息进行 oneHot 编码.

OpUtils.java 的源程序文件如下.

源程序文件 OpUtils.java

```java
package util;
import static org.junit.Assert.assertSame;
import java.util.Arrays;
public class OpUtils {
    public OpUtils() {
        super();
    }
    public static Double sigmoid(double x) {
        return 1 / (1 + Math.exp(-x));
    }
    public static Double mutiply(double[] w, double[] x) {
        assertSame("array length is mismatch!!", w.length, x.
            length);
        double mutiply = 0.0;
        for (int i = 0; i < w.length; i++) {
            mutiply += w[i] * x[i];
        }
```

```
        return mutiply;
    }
    public static double[] Array2Double(String[] arr) {
        if (arr == null) {
            return null;
        }
        double[] d = new double[arr.length];
        for (int i = 0; i < d.length; i++) {
        d[i] = Double.parseDouble(arr[i]);
        }
        return d;
    }
    public static Tuple parse(String[] split) {
        double[] x = new double[split.length - 1];
        double t = Double.parseDouble(split[split.length - 1]);
        for (int i = 0; i < x.length; i++) {
            x[i] = Double.parseDouble(split[i]);
        }
        return new Tuple(x, t);
    }
    public static Double[] oneHot(int t, int classNum) {
        Double[] onehot = new Double[classNum];
        Arrays.fill(onehot, 0.0);
        onehot[t - 1] = 1.0;
        return onehot;
    }
}
```

RandomGenerateWeight.java 定义了一个 generate 函数, 按照高斯分布随机生成 row 行 col 列的二维数组, 并保存在文件中. RandomGenerateWeight.java 的源程序文件如下.

源程序文件 RandomGenerateWeight.java

```
package util;
import java.io.File;
import java.io.FileWriter;
import java.io.IOException;
```

```
import java.util.Random;
public class RandomGenerateWeight {
    public static void generate(int row, int col, String path)
        throws IOException {
        Random random = new Random();
        random.setSeed(1L);
        FileWriter out = null;
        out = new FileWriter(new File(path));
        for (int l = 0; l < row; l++) {
            Double[] unit = new Double[col];
            for (int j = 0; j < col; j++) {
                unit[j] = random.nextGaussian(); // 高斯分布
            }
            for (int i = 0; i < unit.length; i++) {
                out.write(unit[i] + ",");
            }
            out.write("\r\n");
        }
        out.close();
    }
}
```

Triple.java 定义了 Triple 类, 类型为 ("U", 行号, 列号) 或者 ("V", 行号, 列号).
作为 MapReduce 的 key, 可以实现 Hadoop 的序列化 (实现 WritableComparable 接口), 封装了如下函数.

Triple 类

① 构造函数, 包括一个无参构造函数和一个有参构造函数.

② readFields 函数和 write 函数实现 Hadoop 的序列化.

③ compareTo 函数实现两个对象之间的大小比较.

④ toString 函数实现其对象的格式化输出.

Triple.java 的源程序文件如下.

源程序文件 Triple.java

```
package util;
import java.io.DataInput;
import java.io.DataOutput;
```

```java
import java.io.IOException;
import org.apache.hadoop.io.WritableComparable;
public class Triple implements WritableComparable<Triple> {
    private String left;
    private Integer middle;
    private Integer right;
    public Triple() {
        super();
        //  TODO Auto-generated constructor stub
    }
    public Triple(String left, Integer middle, Integer right) {
        super();
        this.left = left;
        this.middle = middle;
        this.right = right;
    }
    public String getLeft() {
        return left;
    }
    public void setLeft(String left) {
        this.left = left;
    }
    public Integer getMiddle() {
        return middle;
    }
    public void setMiddle(Integer middle) {
        this.middle = middle;
    }
    public Integer getRight() {
        return right;
    }
    public void setRight(Integer right) {
        this.right = right;
    }
    @Override
    public int hashCode() {
        final int prime = 31;
```

```
        int result = 1;
        result = prime * result + ((left == null) ? 0 : left.
            hashCode());
        result = prime * result + ((middle == null) ? 0 : middle.
            hashCode());
        result = prime * result + ((right == null) ? 0 : right.
            hashCode());
        return result;
    }
    @Override
    public boolean equals(Object obj) {
        if (this == obj)
            return true;
        if (obj == null)
            return false;
        if (getClass() != obj.getClass())
            return false;
        Triple other = (Triple) obj;
        if (left == null) {
            if (other.left != null)
                return false;
        } else if (!left.equals(other.left))
            return false;
        if (middle == null) {
            if (other.middle != null)
                return false;
        } else if (!middle.equals(other.middle))
            return false;
        if (right == null) {
            if (other.right != null)
                return false;
        } else if (!right.equals(other.right))
            return false;
        return true;
    }
    @Override
    public void write(DataOutput out) throws IOException {
```

```java
        out.writeUTF(this.left);
        out.writeInt(this.middle);
        out.writeInt(this.right);
    }
    @Override
    public void readFields(DataInput in) throws IOException {
        this.left = in.readUTF();
        this.middle = in.readInt();
        this.right = in.readInt();
    }
    @Override
    public int compareTo(Triple o) {
        if(this.equals(o)) {
            return 0;
        }
        if(this.left.compareTo(o.left) < 0) {
            return -1;
        }else if(this.left.compareTo(o.left) == 0) {
            if(this.middle < o.middle) {
                return -1;
            }else if(this.middle == o.middle) {
                if(this.right < o.right) {
                    return -1;
                }
            }
        }
        return 1;
    }
    @Override
    public String toString() {
        return left + "," + middle + "," + right;
    }
}
```

Tuple.java 重新定义了一个新的数据类型, 具体的封装函数如下.

① 构造函数, 包括一个无参构造函数和一个有参构造函数.

② 成员变量的 set 和 get 函数.

Tuple.java 的源程序文件如下.

源程序文件 Tuple.java

```java
package util;
public class Tuple {
    private double[] x = null;
    private double t;
    public Tuple() {
        super();
    }
    public Tuple(double[] x, double t) {
        super();
        this.x = x;
        this.t = t;
    }
    public double[] getX() {
        return x;
    }
    public void setX(double[] x) {
        this.x = x;
    }
    public double getT() {
        return t;
    }
    public void setT(double t) {
        this.t = t;
    }
}
```

# 5.3  基于 Hadoop 的大数据主动学习

本节介绍大数据主动学习和基于 Hadoop 的编程实现 [56,57]. 下面首先介绍大数据主动学习的基本思想, 然后给出大数据主动学习的 MapReduce 编程实现的程序代码.

## 5.3.1  大数据主动学习的基本思想

在大数据主动学习中, 大数据指无类别标签的数据集 $U$ 是大数据, 有类别标签

的数据集 $L$ 是中小型数据集. 大数据主动学习的基本思想依然是分而治之. 具体地, 将大数据集 $U$ 划分为若干个子集, 并部署到不同的云计算节点上. 这些节点并行地选择重要的样例交给专家 $O$ 进行标注. 因为有类别标签的数据集 $L$ 是中小型数据集, 所以可以将 $L$ 部署到每一个云计算节点, 并在本地训练分类器 $C$. 在大数据主动学习的 MapReduce 编程实现中, 分类器 $C$ 用的是 ELM, 样例重要性的度量用的是信息熵. 大数据主动学习的基本思想可以用图 5.2 直观地描述.

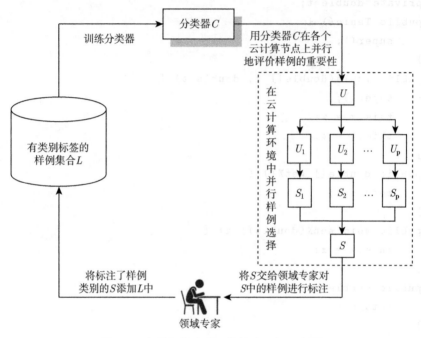

图 5.2　大数据主动学习的基本思想示意图

### 5.3.2　大数据主动学习的 MapReduce 编程实现

我们在 Hadoop 平台上用 Java 语言编程实现大数据主动学习算法. 具体地, 在 Mapper 阶段, 每个节点读取有类别信息的数据, 用 ELM 训练单隐含层前馈神经网络分类器, 然后用训练好的分类器预测无类别样例属于每一类别的后验概率, 并根据后验概率计算其对应的信息熵, 最后输出信息熵值和无类别样例信息.

在 Reducer 阶段, 由于 MapReduce 会根据 Mapper 阶段输出的 Key 值排序, 因此只需要将信息熵值最大的前 $p$ 个无类别样例输出, 加入有类别样例集合中.

迭代上述 MapReduce 任务, 直到选择无类别样例的数量达到需求.

MapReduce 程序包括 AL.java 和 ALMain.java 两个源程序文件. ELM 在上一节已经给出, 这里不再重复.

AL.java 是主动学习 Mapper 类和 Reducer 类的实现. Mapper 类实现 setup 方法和 map 方法.

① setup 方法, 从 trainPath 中加载有类别的数据, 训练 ELM 分类器. 这个方法在 Map 阶段 map 方法执行前运行, 并且只运行一次.

② map 方法, 按行读取无类别信息的数据, 并计算其熵值. 输入的 key 为行偏移量, 输入的 value 为数据信息. 使用 setup 方法中训练好的 ELM 分类器, 计算每条无类别数据属于每一类的概率, 然后计算其熵值. 输出熵值和对应的数据信息.

Reducer 类实现 setup 方法和 reduce 方法.

① setup 方法用来加载所用到的参数值, NUM_SELECT 为选择的数据个数, NUM_CLASS 为类别数.

② reduce 方法用来获取熵值最大的前 NUM_SELECT 条数据. 输入为熵值和有类别信息的数据集合. reduce 节点只设置了一个, 所以数据是按熵值全局有序的, 只需取前 NUM_SELECT 条数据即可. 输出为选择的前 NUM_SELECT 条数据. AL.java 的源程序文件如下.

源程序文件 AL.java

```
package al;
import java.io.BufferedReader;
import java.io.IOException;
import java.io.InputStreamReader;
import java.util.ArrayList;
import org.apache.hadoop.fs.FSDataInputStream;
import org.apache.hadoop.fs.FileStatus;
import org.apache.hadoop.fs.FileSystem;
import org.apache.hadoop.fs.Path;
import org.apache.hadoop.io.DoubleWritable;
import org.apache.hadoop.io.LongWritable;
import org.apache.hadoop.io.NullWritable;
import org.apache.hadoop.io.Text;
import org.apache.hadoop.MapReduce.Counter;
import org.apache.hadoop.MapReduce.Mapper;
import org.apache.hadoop.MapReduce.Reducer;
import elm.elm;
import no.uib.cipr.matrix.DenseMatrix;
import no.uib.cipr.matrix.NotConvergedException;
public class AL {
```

```
private static int NUM_CLASS; //数据类别
private static int NUM_SELECT; //每次迭代挑选重要样例数量
/**
*   输入有类别信息数据，输出<熵值，数据信息>
*/
public static class ALMapper extends Mapper<LongWritable, Text,
    DoubleWritable, Text> {
    private DenseMatrix trainfile_matrix; //有类标数据矩阵
    private ArrayList<String> arraylist=new ArrayList<String>();
    private int m; //有类标数据数量
    private int n; //数据维度
    private int hidden_unit; //ELM隐层节点数量
    private elm e;
    /*
    * 用有类别信息的数据训练elm分类器，并获取分类器精度
    */
    @Override
    protected void setup(Context context) throws IOException,
        InterruptedException {
    // initialize
    NUM_SELECT = context.getConfiguration().getInt("NUM_SELECT
        ", 10);
    NUM_CLASS = context.getConfiguration().getInt("NUM_CLASS",2);
    hidden_unit = context.getConfiguration().getInt("hidden_unit
        ", 20);
    //读取有类别信息的数据
    FileSystem fs = FileSystem.get(context.getConfiguration());
    FileStatus[] fileList = fs.listStatus(new Path(context.
        getConfiguration().get("trainPath")));
    BufferedReader in = null;
    FSDataInputStream fsi = null;
    String line = null;
    for (int i = 0; i < fileList.length; i++) {
        if (!fileList[i].isDirectory()) {
            fsi = fs.open(fileList[i].getPath());
            in = new BufferedReader(new InputStreamReader(fsi, "
                UTF-8"));
```

```
                    while ((line = in.readLine()) != null) {
                        arraylist.add(line);
                        String[] strs_t = line.split(" ");
                        n = strs_t.length;
                    }
            } else {
                FileStatus[] filelist_in = fs.listStatus(fileList[i].
                    getPath());
                for (int j = 0; j < filelist_in.length; j++) {
                    if (!filelist_in[j].isDir()) {
                    fsi = fs.open(filelist_in[j].getPath());
                    in = new BufferedReader(new InputStreamReader(fsi
                        , "UTF-8"));
                    while ((line = in.readLine()) != null) {
                        arraylist.add(line);
                        String[] strs_t = line.split(" ");
                        n = strs_t.length;
                    }
                    } else {
                        FileStatus[] filelist_in = fs.listStatus(
                            fileList[i].getPath());
                        for (int j = 0; j < filelist_in.length; j++)
                            {
                            if (!filelist_in[j].isDir()) {
                            fsi = fs.open(filelist_in[j].getPath());
                            in = new BufferedReader(new
                                InputStreamReader(fsi, "UTF-8"));
                            while ((line = in.readLine()) != null) {
                                arraylist.add(line);
                                String[] strs_t = line.split(" ");
                                n = strs_t.length;
                            }
                            }
                        }
                    }
                }
            }
        m = arraylist.size();
```

```
        Counter numberConuter = context.getCounter("
            samples_number", m + ""); //有类别数据数量
        trainfile_matrix = new DenseMatrix(m, n);
        for (int mm = 0; mm < arraylist.size(); mm++) {
            String str_t = arraylist.get(mm);
            String[] str_t_s = str_t.split(" ");
            for (int nn = 0; nn < str_t_s.length; nn++) {
                trainfile_matrix.set(mm, nn, Double.parseDouble(
                    str_t_s[nn]));
            }
        }
        e = new elm(1, hidden_unit, "sig"); //创建ELM分类器
        try {
        e.train(trainfile_matrix, NUM_CLASS); //训练分类器
        } catch (NotConvergedException e1) {
        e1.printStackTrace();
        }
        Counter accuracyCounter = context.getCounter("accuracy",
            e.getTrainingAccuracy()+ ""); //获取分类器精度
    }
    /*
    * 按行读取无类别信息的数据，并计算其熵值
    * key:  行偏移量
    * value:  数据信息
    */
    public void map(LongWritable key, Text value, Context context
        ) throws IOException, InterruptedException {
    String line = value.toString();
    String[] lines = line.split(" ");
    DenseMatrix test_matrix = new DenseMatrix(1, lines.length);
    for (int i = 0; i < lines.length; i++) {
        test_matrix.set(0, i, Double.parseDouble(lines[i]));
    }
    e.test(test_matrix);
    DenseMatrix d = e.getOutMatrix(); //得到属于每一类别的概率
    double sum = 0;
```

```
for (int i = 0; i < d.numColumns(); i++) {
    sum += Math.exp(d.get(0, i));
}
for (int i = 0; i < d.numColumns(); i++) {
    d.set(0, i, Math.exp(d.get(0, i)) / sum);
}
double H = 0;
for (int j = 0; j < d.numColumns(); j++) {
    H += Math.log(d.get(0, j)) / Math.log(2.0) * d.get(0, j);
}
context.write(new DoubleWritable(-1 / H), new Text(value))
    ; //输出<熵值, 数据信息>
}}
/**
* 输入:  <熵值, 有类别信息的数据>已按熵值排序
* 输出: 熵值最大的前NUM_SELECT个数据
*/
public static class ALReduce extends Reducer<DoubleWritable,
    Text, NullWritable, Text> {
@Override
protected void setup(Context context) throws IOException,
    InterruptedException {
    NUM_SELECT = context.getConfiguration().getInt("
        NUM_SELECT", 10);
    NUM_CLASS = context.getConfiguration().getInt("NUM_CLASS
        ", 2);
}
public void reduce(DoubleWritable key, Iterable<Text> values
    , Context context)
    throws IOException, InterruptedException {
for (Text text : values) {
    if (NUM_SELECT-- > 0) {
        context.write(NullWritable.get(), new Text(text));
        }
    }
}
}}}}
```

　　ALMain.java 创建主动学习的 MapReduce 任务, 包含 ALDriverJob 方法和 main 方法.

　　ALDriverJob 方法负责创建主动学习对应的 MapReduce 任务, 具体完成如下工作.

　　① 设置任务的名字.

　　② 设置任务的入口.

　　③ 设置任务所需参数, 如有类别数据路径、任务的输入输出路径.

　　④ 设置任务运行所需的 Mapper 实现类和 Reducer 实现类及其对应的输入输出类型.

　　main 方法是程序的入口, 设置任务运行所需的配置参数, 然后运行创建的 MapReduce 任务. ALMain.java 的源程序文件如下.

源程序文件 ALMain.java

```
package al;
import java.io.IOException;
import org.apache.hadoop.conf.Configuration;
import org.apache.hadoop.fs.Path;
import org.apache.hadoop.io.DoubleWritable;
import org.apache.hadoop.io.NullWritable;
import org.apache.hadoop.io.Text;
import org.apache.hadoop.MapReduce.Counter;
import org.apache.hadoop.MapReduce.Job;
import org.apache.hadoop.MapReduce.Mapper.Context;
import org.apache.hadoop.MapReduce.lib.input.FileInputFormat;
import org.apache.hadoop.MapReduce.lib.output.FileOutputFormat;
public class ALMain {
    private int iterationNum; //迭代次数
    private String sourcePath_Train; //有类标数据
    private String sourcePath_Test; //无类标数据
    private String outputPath;
        //选出样例的输出路径(与有类标数据路径保持一致)
    private Configuration conf;
    public ALMain(int iterationNum, String sourcePath_Train,
        String sourcePath_Test, String outputPath,
    Configuration conf) {
        this.iterationNum = iterationNum;
```

```
            this.sourcePath_Test = sourcePath_Test;
            this.sourcePath_Train = sourcePath_Train;
            this.outputPath = outputPath;
            this.conf = conf;
    }
//程序main方法
public static void main(String[] args) throws IOException,
    ClassNotFoundException, InterruptedException {
    if(args.length != 7) {
        System.out.println("Usage: NUM_SELECT  NUM_CLASS
            hidden_unit  "
            + "labeledPath  unlabeledPath  labeledPath
                iterationNum");
        System.exit(-1);
    }
    System.out.println("-----start-----");
    long startTime = System.currentTimeMillis();
    Configuration conf = new Configuration();
    conf.setInt("NUM_SELECT", Integer.parseInt(args[0]));
    conf.setInt("NUM_CLASS", Integer.parseInt(args[1]));
    conf.setInt("hidden_unit", Integer.parseInt(args[2]));
    String sourcePath_Train = args[3];
    String sourcePath_Test = args[4];
    String outputPath = args[5];
    int iterationNum = Integer.parseInt(args[6]);
    ALMain al = new ALMain(iterationNum, sourcePath_Train,
        sourcePath_Test, outputPath, conf);
    al.ALDriverJob();
    long endTime = System.currentTimeMillis();
    System.out.println("time:" + (endTime - startTime));
}
//MapReduce任务迭代
public void ALDriverJob() throws IOException,
    ClassNotFoundException, InterruptedException {
    for (int num = 0; num < iterationNum; num++) {
        Job ALDriverJob = Job.getInstance(conf); //创建MapReduce任务
        ALDriverJob.setJobName("ALDriverJob"+num);//设置任务名称
```

```
        ALDriverJob.setJarByClass(AL.class); //任务的主程序
        ALDriverJob.getConfiguration().set("trainPath",
            sourcePath_Train); //设置有类别数据路径
        ALDriverJob.setMapperClass(AL.ALMapper.class);
            //设置map方法
        ALDriverJob.setMapOutputKeyClass(DoubleWritable.class);
            //map方法的输出key类型
        ALDriverJob.setMapOutputValueClass(Text.class);
            //map方法输出value类型
        ALDriverJob.setReducerClass(AL.ALReduce.class);
            //设置reudce方法
        ALDriverJob.setOutputKeyClass(NullWritable.class);
            //reduce方法输出key类型
        ALDriverJob.setOutputValueClass(Text.class);
            //reduce方法输出value类型
        FileInputFormat.addInputPath(ALDriverJob, new Path(
            sourcePath_Test));//设置任务的输入文件路径(无类标数据)
        FileOutputFormat.setOutputPath(ALDriverJob, new Path(
            outputPath+"/train_"+(num+1)+"/"));
            //设置任务输出文件路径(与有类别数据路径相同)
        ALDriverJob.waitForCompletion(true);//开始执行
    }
    System.out.println("finished!");
}}
```

# 第 6 章　Spark 大数据机器学习

本章介绍 Spark 大数据机器学习. 具体地, 主要介绍 Spark MLlib, 基于 Spark 的大数据 K- 近邻算法和基于 Spark 的大数据主动学习.

## 6.1　Spark MLlib

Spark MLlib 是 Spark 的机器学习库, 是 Spark 的四个重要组件之一. Spark 的构成组件如图 6.1 所示. MLlib 支持三种编程语言, 即 Scala、Java 和 Python. 目标是使机器学习具有可扩展性和易于实现, 对与机器学习相关的优化、降维、分类、回归、聚类等提供良好的支持. Spark MLlib 提供的组件如图 6.2 所示. 下面重点介绍 MLlib 提供的决策树算法、随机森林算法、K-均值 (K-means) 算法和主成分分析算法. 对于其他的算法, 有兴趣的读者可参考 Spark 的官网[①].

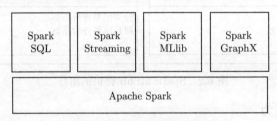

图 6.1　Spark 的构成组件

### 6.1.1　MLlib 决策树算法

决策树算法是一种贪心算法, 它递归地二分特征空间, 每一次划分都是从一组候选划分中贪心地选择最好的划分, 即在一个节点使信息增益最大的那个划分. 下面介绍节点的不纯度和信息增益的概念[②].

节点的不纯度是节点类别同质性的一种度量. 在当前版本中, MLlib 提供 Gini 不纯度和信息熵两种度量指标. Gini 不纯度的定义为

$$\text{Gini(Node)} = \sum_{i=1}^{k} f_i(1 - f_i) \tag{6.1}$$

其中, $f_i$ 是节点 Node 处类别 $i$ 的频率; $k$ 是类别数.

---

[①] http://spark.apache.org/docs/latest/ml-guide.html
[②] 与 1.4 节介绍的决策树启发式略有不同, 但本质是一样的

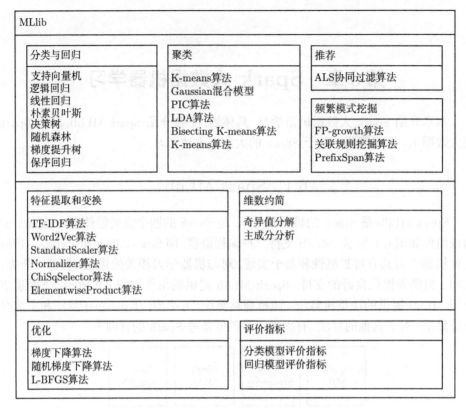

图 6.2　Spark MLlib 提供的组件

信息熵的定义为

$$\mathrm{Entr}(\mathrm{Node}) = -\sum_{i=1}^{k} f_i \log_2 f_i \tag{6.2}$$

信息增益的定义为

$$\mathrm{IG}(D, s) = \mathrm{Impurity}(D) - \left(\frac{n_l}{n}\mathrm{Impurity}(D_l) + \frac{n_r}{n}\mathrm{Impurity}(D_r)\right) \tag{6.3}$$

其中, $s$ 是一个划分, 它将含有 $n$ 个样例的数据集 $D$ 划分为 $D_l$ 和 $D_r$ 两个子集.

由式 (6.3) 可以看出, 信息增益是父节点的不纯度与其两个孩子节点不纯度加权和的差.

当满足下列条件之一时, 停止节点的划分.

① 节点深度等于参数 maxDepth 指定的值.

② 没有任何一个划分的信息增益大于参数 minInfoGain 指定的值.

③ 没有任何一个节点对应的样例子集包含的样例数大于参数 minInstances-PerNode 指定的值.

MLlib 决策树算法的参数如表 6.1 所述.

表 6.1　MLlib 决策树算法的参数

| 参数 | 描述 |
| --- | --- |
| numClasses | 类别数 |
| categoricalFeaturesInfo | 指定哪些属性是枚举类型的, 以及每个属性的枚举值 |
| maxDepth | 树的最大深度 |
| minInstancesPerNode | 每个节点对应的样例子集包含的最少样例数 |
| minInfoGain | 最小信息增益值 |
| maxBins | 离散化连续值属性时, 离散区间的最大个数 |
| subsamplingRate | 用于学习决策树的训练样例比例 |
| impurity | 度量划分的不纯度 |

下面的 Java 程序 (DecisionTree.java) 演示了如何加载 LIBSVM 数据文件, 将其解析为 LabeledPoint 的 RDD. 然后, 使用 Gini 作为划分的不纯度度量构建决策树, 并对未见样例进行分类, 最大树深度为 5. 通过计算测试误差来度量算法的精度. 这个例子的完整 Spark 程序代码见 Spark 官网①.

DecisionTree.java

```
import java.util.HashMap;
import java.util.Map;
import scala.Tuple2;
import org.apache.spark.SparkConf;
import org.apache.spark.api.java.JavaPairRDD;
import org.apache.spark.api.java.JavaRDD;
import org.apache.spark.api.java.JavaSparkContext;
import org.apache.spark.mllib.regression.LabeledPoint;
import org.apache.spark.mllib.tree.DecisionTree;
import org.apache.spark.mllib.tree.model.DecisionTreeModel;
import org.apache.spark.mllib.util.MLUtils;
SparkConf sparkConf = new SparkConf().setAppName("
    JavaDecisionTreeClassificationExample");
JavaSparkContext jsc = new JavaSparkContext(sparkConf);
//加载并解析数据文件
String datapath = "data/mllib/sample_libsvm_data.txt";
```

---

① examples/src/main/java/org/apache/spark/examples/mllib/JavaDecisionTreeClassification
Example.java

```
JavaRDD<LabeledPoint> data = MLUtils.loadLibSVMFile(jsc.sc(),
    datapath).toJavaRDD();
//划分数据集为训练集和测试集(30%的样例用于测试)
JavaRDD<LabeledPoint>[] splits = data.randomSplit(new double
    []{0.7, 0.3});
JavaRDD<LabeledPoint> trainingData = splits[0];
JavaRDD<LabeledPoint> testData = splits[1];
//设置参数
//若categoricalFeaturesInfo为空集，则所有属性都是连续值属性
int numClasses = 2;
Map<Integer, Integer> categoricalFeaturesInfo = new HashMap<>();
String impurity = "gini";
int maxDepth = 5;
int maxBins = 32;
//训练一个决策树模型并用于分类
DecisionTreeModel model = DecisionTree.trainClassifier(
    trainingData, numClasses,
  categoricalFeaturesInfo, impurity, maxDepth, maxBins);
//用测试样例评估决策树模型，并计算测试误差
JavaPairRDD<Double, Double> predictionAndLabel =
  testData.mapToPair(p -> new Tuple2<>(model.predict(p.features()
    ), p.label()));
double testErr =
  predictionAndLabel.filter(pl -> !pl.\_1().equals(pl.\_2())).
    count() / (double) testData.count();
System.out.println("Test Error: " + testErr);
System.out.println("Learned classification tree model:\n" + model
    .toDebugString());
//保存和加载模型
model.save(jsc.sc(), "target/tmp/
    myDecisionTreeClassificationModel");
DecisionTreeModel sameModel = DecisionTreeModel
  .load(jsc.sc(),"target/tmp/myDecisionTreeClassificationModel");
```

## 6.1.2　MLlib 决策森林算法

随机森林是一种决策树集成方法, 通过集成多棵决策树降低过拟合的风险. 随

机森林算法独立地训练一组决策树. 训练决策树可以并行进行. 该算法将随机性引入训练过程, 使每棵决策树都不同, 可以保证决策树的多样性. 将每棵树的预测结果组合起来可以减少预测的方差, 提高测试精度.

引入随机性有以下两种方式.

① 沿水平方向, 对原始数据集进行随机子抽样, 以获得不同的训练集.

② 沿垂直方向, 对原始属性集进行随机子抽样, 以获得不同的训练集.

获得不同的训练集后就可以训练出不同的决策树, 构成决策森林. 对于给定的测试样例, 决策森林集成所有决策树的预测结果, 以预测测试样例的类别.

实际上, 还可以将引入随机性的两种方式结合起来构造随机森林. 随机森林算法在算法 6.1 中给出.

---

**算法 6.1:** 随机森林算法

1 **输入:** 训练集 $T = \{(\boldsymbol{x}_i, y_i) | \boldsymbol{x}_i \in \mathbf{R}^d, y_i \in Y, 1 \leqslant i \leqslant n\}$, 森林中决策树的数量 $l$, 随机抽取的属性子集大小 $m$, 测试样例 $\boldsymbol{x}$ .

**输出:** $\boldsymbol{x}$ 的类标 $y \in Y$.

2 // 用Bagging算法, 从训练集随机生成 $l$ 个子集, 每次抽取63%的样例

3 **for** $(i = 1; i \leqslant l; i = i + 1)$ **do**

4 　从训练集 $T$ 中有放回地随机抽取一个子集 $T_i$;

5 **end**

6 // 用 $T_i$ 作为训练集, 用随机化决策树算法生成决策树 $\mathrm{DT}_i$

7 **for** $(i = 1; i \leqslant l; i = i + 1)$ **do**

8 　随机抽取大小为 $m$ 的属性子集;

9 　从随机生成的属性子集中选择扩展属性和最优割点;

10 　用选择的扩展属性和最优割点分隔训练集;

11 **end**

12 得到随机森林 $\mathrm{RF} = \{\mathrm{DT}_1, \mathrm{DT}_2, \cdots, \mathrm{DT}_l\}$;

13 对测试样例 $\boldsymbol{x}$, 集成 $\mathrm{RF}$ 对 $\boldsymbol{x}$ 的分类结果;

14 输出 $\boldsymbol{x}$ 的类标 $y$.

---

MLlib 中随机森林算法包括以下参数.

① numTrees: 森林中决策树的数量. 增加树的数量会减少预测的方差, 提高模型的测试准确性, 但是会增加训练时间.

② maxDepth: 森林中每一棵树的最大深度. 增加树的深度会使模型更具表现力和预测能力, 然而训练时间也会更长, 更容易产生过拟合.

③ subsamplingRate: 用于训练森林中每棵树的数据集的大小. 一般地, 它是原始数据集的一部分.

④ featureSubsetStrategy: 特征子集包含的属性个数. 一般地, 它是原始特征数的一部分, 或者是原始特征数的一个函数.

下面的 Java 程序 (Random Forest.java) 演示了如何加载 LIBSVM 数据文件, 将其解析为 LabeledPoint 的 RDD, 然后使用随机森林进行分类. 通过计算测试误差来评估算法的性能. 这个例子的完整 Spark 程序代码见 Spark 官网[①].

RandomForest.java

```java
import java.util.HashMap;
import java.util.Map;
import scala.Tuple2;
import org.apache.spark.SparkConf;
import org.apache.spark.api.java.JavaPairRDD;
import org.apache.spark.api.java.JavaRDD;
import org.apache.spark.api.java.JavaSparkContext;
import org.apache.spark.mllib.regression.LabeledPoint;
import org.apache.spark.mllib.tree.RandomForest;
import org.apache.spark.mllib.tree.model.RandomForestModel;
import org.apache.spark.mllib.util.MLUtils;
SparkConf sparkConf = new SparkConf().setAppName("
    JavaRandomForestClassificationExample");
JavaSparkContext jsc = new JavaSparkContext(sparkConf);
//加载并解析数据文件
String datapath = "data/mllib/sample_libsvm_data.txt";
JavaRDD<LabeledPoint> data = MLUtils.loadLibSVMFile(jsc.sc(),
    datapath).toJavaRDD();
//划分数据集为训练集和测试集(30%的样例用于测试)
JavaRDD<LabeledPoint>[] splits = data.randomSplit(new double
    []{0.7, 0.3});
JavaRDD<LabeledPoint> trainingData = splits[0];
JavaRDD<LabeledPoint> testData = splits[1];
//训练一个随机森林模型
//若categoricalFeaturesInfo为空集, 则所有属性都是连续值属性
```

① examples/src/main/java/org/apache/spark/examples/mllib/JavaRandomForestClassificationExample.java

```
Integer numClasses = 2; Map<Integer, Integer>
categoricalFeaturesInfo = new HashMap<>(); Integer numTrees = 3;
String featureSubsetStrategy = "auto"; String impurity = "gini";
Integer maxDepth = 5; Integer maxBins = 32; Integer seed = 12345;
RandomForestModel model =
RandomForest.trainClassifier(trainingData, numClasses,
    categoricalFeaturesInfo, numTrees, featureSubsetStrategy,
        impurity, maxDepth, maxBins,
    seed);
//用测试样例评估决策树模型,并计算测试误差
JavaPairRDD<Double, Double> predictionAndLabel =
    testData.mapToPair(p -> new Tuple2<>(model.predict(p.features()
        ), p.label()));
double testErr =
    predictionAndLabel.filter(pl -> !pl.\_1().equals(pl.\_2())).
        count() / (double) testData.count();
System.out.println("Test Error: " + testErr);
System.out.println("Learned classification forest model:\n" +
    model.toDebugString());
//保存和加载模型
model.save(jsc.sc(), "target/tmp/
    myRandomForestClassificationModel");
RandomForestModel sameModel = RandomForestModel.load(jsc.sc(),
    "target/tmp/myRandomForestClassificationModel");
```

### 6.1.3 MLlib K-means 算法

在第 1.3 节, 介绍了经典的 K-means 算法. 它将数据点聚类到预定义的 $K$ 个簇中. MLlib 实现的是 K-means++[58] 的一个并行化变体 K-means‖ 算法 [59], 而 K-means++ 是 K-means 的初始化算法.

设 $X = \{x_1, x_2, \cdots, x_n\}$ 是待聚类的 $d$-维欧氏空间中 $n$ 个数据点的集合, $K$ 是一个正整数, 表示聚类的个数. 数据点 $x_i$ 和 $x_j$ 之间的欧氏距离为 $\| x_i - x_j \|$. 给定一个点 $x$ 和一个子集 $Y \subseteq X$, $x$ 到集合 $Y$ 的距离定义为 $\min_{y \in Y} \| x - y \|$. 给定一个子集 $Y \subseteq X$, 其中心定义为

$$\mathrm{cent}(Y) = \frac{1}{|Y|} \sum_{y \in Y} y \tag{6.4}$$

其中, $|Y|$ 表示子集 $Y$ 中包含的元素个数.

设 $C = \{c_1, c_2, \cdots, c_K\}$ 是一个 $d$-维数据点的集合, $Y \subseteq X$, 定义 $Y$ 相对于 $C$ 的损失函数为

$$\phi_Y(C) = \sum_{\boldsymbol{y} \in Y} d^2(\boldsymbol{y}, C) = \sum_{\boldsymbol{y} \in Y} \min_{1 \leqslant i \leqslant K} \| \boldsymbol{y} - \boldsymbol{c}_i \|^2 \tag{6.5}$$

K-means 聚类算法的目标是选择一个集合 $C$, 使 $\phi_Y(C)$ 最小.

K-means++ 算法是 K-means 算法中初始化聚类中心的算法, 如算法 6.2 所示.

---

**算法 6.2:** K-means++算法

---

1　**输入:** 数据集 $X = \{\boldsymbol{x}_1, \boldsymbol{x}_2, \cdots, \boldsymbol{x}_n\}$, 聚类中心个数 $K$

2　**输出:** 初始化的聚类中心集合 $C = \{\boldsymbol{c}_1, \boldsymbol{c}_2, \cdots, \boldsymbol{c}_K\}$

3　从数据集 $X$ 中, 按均匀分布随机抽样一个数据点 $\boldsymbol{x}$;

4　$C \leftarrow \boldsymbol{x}$;

5　**while** $(|C| < K)$ **do**

6　　按概率 $\dfrac{d^2(\boldsymbol{x}, C)}{\phi_X(C)}$, 从数据集 $X$ 中抽样一个数据点 $\boldsymbol{x}$;

7　　$C \leftarrow C \cup \{\boldsymbol{x}\}$;

8　**end**

9　输出 $C = \{\boldsymbol{c}_1, \boldsymbol{c}_2, \cdots, \boldsymbol{c}_K\}$.

---

K-means‖ 算法是对 K-means++ 算法的改进, 也是用于选择 K-means 算法中初始聚类中心的. 该算法的思想很简单, 引入了一个上采样因子 $l$, 如算法 6.3 所示.

MLlib K-means‖ 算法包括以下参数.

① $K$: 期望的聚类个数.

② maxIterations: 最大迭代次数.

③ initializationMode: 初始化模式. 该参数指定是用随机化方法初始化, 还是用 K-means++ 算法初始化.

④ initializationSteps: 确定 K-means‖ 算法中的步骤数.

⑤ epsilon: 确定 K-means 收敛的距离阈值.

⑥ initialModel: 初始化的一组可选的聚类中心.

下面给出 K-means‖ 算法的 Java 代码 (K-means‖.java), 完整的 Spark 程序代码见 Spark 官网[①].

---

[①] examples/src/main/java/org/apache/spark/examples/mllib/JavaKMeansExample.java

**算法 6.3:** K-means‖算法

1 **输入:** 数据集 $X = \{x_1, x_2, \cdots, x_n\}$, 聚类中心个数 $K$.

2 **输出:** 初始化的聚类中心集合 $C = \{c_1, c_2, \cdots, c_K\}$.

3 从数据集 $X$ 中, 按均匀分布随机抽样一个数据点 $x$;

4 $C \leftarrow x$;

5 $\psi \leftarrow \phi_X(C)$;

6 $m = O(\log \psi)$;

7 **for** $(i = 1; i \leqslant m; i = i + 1)$ **do**

8     按概率 $p_x = \frac{l \times d^2(x,C)}{\phi_X(C)}$, 从数据集 $X$ 中独立抽样每一个数据点 $x$;

9     $C \leftarrow C \cup \{x\}$;

10 **end**

11 **for** $(x \in C)$ **do**

12     // 计算 $C$ 中的数据点 $x$ 的权值 $w_x$;

13     计算 $w_x$, 它是 $X$ 中比 $C$ 中任何一个数据点更接近 $x$ 的数据点的个数;

14 **end**

15 根据 $C$ 中数据点的权值 $w_x$, 对 $C$ 中的数据点 $x$ 重新聚类;

16 输出 $C = \{c_1, c_2, \cdots, c_K\}$.

K-means‖.java

```
import org.apache.spark.api.java.JavaRDD;
import org.apache.spark.mllib.clustering.KMeans;
import org.apache.spark.mllib.clustering.KMeansModel;
import org.apache.spark.mllib.linalg.Vector;
import org.apache.spark.mllib.linalg.Vectors;
//加载并解析数据
String path = "data/mllib/kmeans_data.txt";
JavaRDD<String> data = jsc.textFile(path);
JavaRDD<Vector> parsedData = data.map(s -> {
  String[] sarray = s.split(" ");
  double[] values = new double[sarray.length];
  for (int i = 0; i < sarray.length; i++) {
    values[i] = Double.parseDouble(sarray[i]);
}
```

```
  return Vectors.dense(values);
});
parsedData.cache();
//利用K-means算法将数据聚类成两类
int numClusters = 2;
int numIterations = 20;
KMeansModel clusters = KMeans.train(parsedData.rdd(), numClusters
    , numIterations);
System.out.println("Cluster centers:");
for (Vector center: clusters.clusterCenters()) {
  System.out.println(" " + center);
}
double cost = clusters.computeCost(parsedData.rdd());
System.out.println("Cost: " + cost);
//通过计算簇内均方误差和评估聚类效果
double WSSSE = clusters.computeCost(parsedData.rdd());
System.out.println("Within Set Sum of Squared Errors = " +WSSSE);
//保存和加载模型
clusters.save(jsc.sc(), "target/org/apache/spark/
    JavaKMeansExample/KMeansModel");
KMeansModel sameModel = KMeansModel.load(jsc.sc(),
  "target/org/apache/spark/JavaKMeansExample/KMeansModel");
```

### 6.1.4　主成分分析

主成分分析 (principal component analysis, PCA) 是一种维数约简 (或特征提取) 方法. 给定数据表 $D = (X, A)$. 其中, $X = \{x_1, x_2, \cdots, x_n\}$ 是 $n$ 个样例的集合, $A = \{a_1, a_2, \cdots, a_d\}$ 是描述样例的 $d$ 个属性的集合. 对 $x_i \in X$, $x_i$ 可以表示为 $x_i = (x_{i1}, x_{i2}, \cdots, x_{id})$. 其中, $x_{ij}$ 是样例 $x_i$ 在属性 $a_j$ 上的取值. 显然, $x_i$ 可以看作 $d$- 维欧氏空间中的一个点, $X$ 可以看作 $n \times d$ 的一个数据矩阵.

PCA 是一种投影子空间方法, 它将原 $d$- 维样例空间投影到 $d'$- 维特征空间. 问题的关键是如何确定这 $d'$ 个投影方向? PCA 将 $A$ 中的 $d$ 个属性 $a_1, a_2, \cdots, a_d$ 看作 $d$ 个随机变量, 把 $n$ 个样例 $x_1, x_2, \cdots, x_n$ 看作 $n$ 个抽样点, 把 $X$ 看作 $n$ 次抽样得到的一个样本. PCA 的基本思想很简单. 首先, 用 $X$ 构造 $A$ 的协方差矩阵 $\mathrm{cov}_X(A)$; 然后, 求 $\mathrm{cov}_X(A)$ 的 $d'$ 个非零特征值及其对应的特征向量. 对 $d'$ 个特征值由大到小排序, 最大特征值称为第一主成分, 对应的特征向量称为第一投影方向.

次大特征值称为第二主成分, 对应的特征向量称为第二投影方向, 依此类推. 算法
6.4 给出了 PCA 算法的伪代码.

---

**算法 6.4:** PCA算法

1 **输入:** 数据表$D = (X, A)$, 主成分个数$d'$.
2 **输出:** 变换后的数据矩阵$Y$.
3 利用数据矩阵$X$构造$A$的协方差矩阵$\text{cov}_X(A)$;
4 计算$\text{cov}_X(A)$的特征值和特征向量;
5 将特征值由大到小排序, 选择前$d'$个特征值对应的特征向量;
6 用选择的 $d'$ 个特征向量构造投影变换矩阵$W$;
7 计算$Y = WX^{\mathrm{T}}$;
8 输出$Y$.

---

下面的 Java 代码 (PCA.java) 演示了如何计算矩阵 RowMatrix 的主成分, 并
使用它们将样例投影到低维空间中. 完整的 Spark 程序代码参见 Spark 官网[①].

PCA.java

```java
import java.util.Arrays;
import java.util.List;
import org.apache.spark.api.java.JavaRDD;
import org.apache.spark.api.java.JavaSparkContext;
import org.apache.spark.mllib.linalg.Matrix;
import org.apache.spark.mllib.linalg.Vector;
import org.apache.spark.mllib.linalg.Vectors;
import org.apache.spark.mllib.linalg.distributed.RowMatrix;
List<Vector> data = Arrays.asList(
        Vectors.sparse(5, new int[] {1, 3}, new double
        [] {1.0, 7.0}),
        Vectors.dense(2.0, 0.0, 3.0, 4.0, 5.0),
        Vectors.dense(4.0, 0.0, 0.0, 6.0, 7.0)
);
JavaRDD<Vector> rows = jsc.parallelize(data);
//从JavaRDD<Vector>创建一个矩阵RowMatrix
RowMatrix mat = new RowMatrix(rows.rdd());
//计算前4个主成分
```

---

① http://spark.apache.org/docs/latest/mllib-dimensionality-reduction.html

```
//将计算得到的4个主成分存储到一个矩阵中
Matrix pc = mat.computePrincipalComponents(4);
//将数据点投影到4维特征空间
RowMatrix projected = mat.multiply(pc);
```

## 6.2　基于 Spark 的大数据 K-近邻算法

本节介绍基于 Spark 的大数据 K-近邻算法. 基于 Spark 的大数据 K-近邻算法和基于 Hadoop 的大数据 K-近邻算法的基本思想是一样的. 用 Spark 实现大数据 K-近邻算法的流程如下.

① 加载数据. 加载训练集和测试集, 生成对应的 RDD.

② 训练集 RDD 和测试集 RDD 做笛卡儿积, 生成 cartesianRDD, 其中每一行包含一个训练样例和一个测试样例.

③ 计算 cartesianRDD 每一行中测试样例和训练样例的距离, 生成 knnMaped RDD(每一行的形式为 < 测试样例, (距离, 类别)>).

④ knnRDD 按 key 值进行聚合操作, 生成 knnGrouped RDD(每一行的形式为 < 测试样例, (距离 1, 类别; 距离 2, 类别; · · ·; 距离 $n$, 类别)>), $n$ 为训练样例的个数.

⑤ 根据 knnGrouped RDD 寻找每个测试样例的 $k$ 个近邻, 并根据类别进行投票, 确定测试样例的类别. 生成最终的 knnOutput RDD(每一行形式为 < 测试样例, 预测的类别 >).

⑥ 保存结果, 输出到 HDFS.

在 Spark 平台上, 用 Java 语言实现大数据 K-近邻算法的主函数源程序文件如下.

源程序文件 KNN.java

```
package knn;
import org.apache.spark.api.java.JavaPairRDD;
import org.apache.spark.api.java.JavaRDD;
import org.apache.spark.api.java.JavaSparkContext;
import org.apache.spark.api.java.function.Function;
import org.apache.spark.api.java.function.PairFunction;
import org.apache.spark.broadcast.Broadcast;
import org.apache.spark.sql.SparkSession;
```

```java
import scala.Tuple2;
import util.ParseRecord;
import util.Util;
import java.sql.Struct;
import java.util.Map;
import java.util.SortedMap;
public class KNN {
    public static void main(String[] args) {
        Integer k = Integer.valueOf(args[0]); //k 近邻数
        String trainSets = args[1]; //训练集路径
        String testSets = args[2]; //测试集路径
        String outputPath = args[3]; //输出路径
        //创建SparkContext对象
        SparkSession session = SparkSession.builder().appName("
            knn").getOrCreate();
        JavaSparkContext context = JavaSparkContext.
            fromSparkContext(session.sparkContext());
        //将k作为广播变量
        final Broadcast<Integer> broadcastK = context.broadcast(k
            );
        //加载数据
        JavaRDD<String> train = session.read().textFile(trainSets
            ).javaRDD();
        JavaRDD<String> test = session.read().textFile(testSets).
            javaRDD();
        //训练集和测试集做笛卡儿积
        JavaPairRDD<String, String> cartesianRDD = train.
            cartesian(test);
        //保存中间结果
        // cartesianRDD.saveAsTextFile(outputPath + "/cart");
        //计算距离返回<testIns, <distance, label>>
        JavaPairRDD<String, Tuple2<Double, String>> knnMapped =
            cartesianRDD.mapToPair(new PairFunction<Tuple2<String
            , String>, String, Tuple2<Double, String>>() {
            public Tuple2<String, Tuple2<Double, String>> call(
                Tuple2<String, String> cartesianRecord)
                    throws Exception {
```

```
            String trainRecord = cartesianRecord._1;
            String testRecord = cartesianRecord._2;
            Tuple2<double[], String> trainTokens =
                ParseRecord.parse(trainRecord);
            double[] trainAttr = trainTokens._1;
            String label = trainTokens._2;
            Tuple2<double[], String> testTokens = ParseRecord
                .parse(testRecord);
            double[] testAttr = testTokens._1;
            double d = Util.EuclideanDistance(trainAttr,
                testAttr);
            return new Tuple2<String, Tuple2<Double, String
                >>(Util.ArrayToString(testAttr),
                    new Tuple2<Double, String>(d, label));
        }
});
//保存中间结果
// knnMapped.saveAsTextFile(outputPath + "/knnMapped");
// group by test instance
JavaPairRDD<String, Iterable<Tuple2<Double, String>>>
    knnGrouped = knnMapped.groupByKey();
//根据近邻类别，投票确定测试样例的类别
JavaPairRDD<String, String> knnOuput = knnGrouped.
    mapValues(new Function<Iterable<Tuple2<Double, String
    >>, String>() {
    public String call(Iterable<Tuple2<Double, String>>
    neighbors)
            throws Exception {
        Integer k = broadcastK.value();
        SortedMap<Double, String> nearestK = Util.
            findNearestK(neighbors, k);
        //计数
        Map<String, Integer> majority = Util.
            buildClassificationCount(nearestK);
        // vote
        String predictLabel = Util.classifyByMajority(
            majority);
```

```
                return predictLabel;
        }
    });
    //保存最终的结果
    knnOuput.saveAsTextFile(outputPath + "/knnOutput");
    session.stop();
    System.exit(0);
    }
}
```

解析记录的源程序文件如下.

源程序文件 ParseRecord.java

```java
package util;
import scala.Tuple2;
public class ParseRecord {
    public static Tuple2 parse(String record){
        String[] s = record.trim().split(" ");
        double[] attr = new double[s.length-1];
        for (int i = 0; i < s.length-1; i++) {
            attr[i] = Double.parseDouble(s[i]);
        }
        String label = s[s.length-1];
        Tuple2<double[], String> tuple = new Tuple2<double[],
            String>(attr, label);
        return tuple;
    }
}
```

程序中用到的工具 (如计算距离、排序等) 源程序文件如下.

源程序文件 Util.java

```java
package util;
import scala.Tuple2;
import java.util.HashMap;
import java.util.Map;
import java.util.SortedMap;
```

```java
import java.util.TreeMap;
public class Util {
    public static double EuclideanDistance(double[] a, double[] b
        ) throws Exception {
        if (a.length != b.length)
            throw new Exception("size not compatible!");
        double sum = 0.0;
        for (int i = 0; i < a.length; i++) {
            sum += Math.pow(a[i] - b[i], 2);
        }
        return Math.sqrt(sum);
    }
    public static String ArrayToString(double[] arr){
        String str = "";
        for (int i = 0; i < arr.length; i++) {
            str += arr[i] + " ";
        }
        return str.trim();
    }

    public static SortedMap<Double, String> findNearestK(Iterable
        <Tuple2<Double,String>> neighbors, int k) {
        // keep only K-nearest-neighbors
        SortedMap<Double, String>  nearestK=new TreeMap<Double,
            String>();
        for (Tuple2<Double,String> neighbor : neighbors) {
            Double distance = neighbor._1;
            String classificationID =  neighbor._2;
            nearestK.put(distance, classificationID);
            // keep only K-nearest-neighbors
            if (nearestK.size() > k) {
                // remove the last highest distance neighbor from
                    nearestK
                nearestK.remove(nearestK.lastKey());
            }
        }
        return nearestK;
```

```
    }

public static Map<String, Integer> buildClassificationCount(
    Map<Double, String> nearestK) {
    Map<String, Integer> majority = new HashMap<String,
        Integer>();
    for (Map.Entry<Double, String> entry : nearestK.entrySet
        ()) {
        String classificationID = entry.getValue();
        Integer count = majority.get(classificationID);
        if (count == null){
            majority.put(classificationID, 1);
        }
        else {
            majority.put(classificationID, count+1);
        }
    }
    return majority;
}

public static String classifyByMajority(Map<String, Integer>
    majority) {
    int votes = 0;
    String selectedClassification = null;
    for (Map.Entry<String, Integer> entry : majority.entrySet
        ()) {
        if (selectedClassification == null) {
            selectedClassification = entry.getKey();
            votes = entry.getValue();
        }
        else {
            int count = entry.getValue();
            if (count > votes) {
                selectedClassification = entry.getKey();
                votes = count;
            }
        }
```

```
        }
        return selectedClassification;
    }

}
```

# 6.3　基于 Spark 的大数据主动学习

5.3 节介绍了基于 Hadoop 的大数据主动学习 [56]. 在这一节, 首先介绍基于 Spark 的大数据主动学习, 然后对基于 Hadoop 和 Spark 的大数据主动学习进行比较 [57].

基于 Spark 的大数据主动学习和基于 Hadoop 的大数据主动学习的基本思想是一样的 (图 5.2). Spark 处理大数据的逻辑是通过 RDD 实现的, 基于 Spark 的大数据主动学习的流程如下.

① 初始化 RDD, 将有类别信息的数据转化为 labeledRDD, 无类别信息的数据转化为 unlabeledRDD.

② 将有类别的数据 (labeledRDD) 广播至各个云计算节点.

③ 对无类别信息的数据 (unlabeledRDD) 执行 mapPartation 操作, 在每个分区中执行如下操作: 用有类别的数据集训练一个分类器, 在这里用 ELM 作为分类器: 使用训练好的分类器 ELM 计算无类别数据的信息熵.

④ 根据信息熵值对无类别的数据按由大到小排序, 选择 $K$ 个熵值最大的样例作为本次迭代选择的样例, 输出到 HDFS.

⑤ 对第④ 步选择的样例, 交给领域专家进行标注, 并转化为 RDD.

⑥ 将有类别数据 (labeledRDD) 与第⑤ 步得到的 RDD 进行合并 (union 操作), 将合并后的 RDD 作为更新后有类别数据 (labeledRDD).

⑦ 迭代执行第① 步至第⑥ 步, 输出最后一次迭代得到的有类别数据 (labeledRDD) 至 HDFS.

下面给出大数据主动学习的 Spark 源程序代码, 主函数的 Java 源程序文件如下.

源程序文件 ActiveLearning.java

```
package al;
import org.apache.spark.api.java.JavaRDD;
import org.apache.spark.api.java.JavaSparkContext;
```

```java
import org.apache.spark.api.java.function.FlatMapFunction;
import org.apache.spark.api.java.function.Function;
import org.apache.spark.broadcast.Broadcast;
import org.apache.spark.sql.SparkSession;
import java.util.*;
public class ActiveLearning {
    public static void main(String[] args) throws Exception {
        int numIterator=Integer.parseInt(args[0]);//迭代次数
        final int classNum=Integer.parseInt(args[1])+1;
            //类别数(类标从1开始)
        final int numSelect=Integer.parseInt(args[2]);
            //选择几个分区
        final int numberOfHidden=Integer.parseInt(args[3]);
            //隐含层节点个数
        String trainSets=args[4];//训练集路径
        String testSets=args[5];//测试集路径
        String outputPath=args[6];//输出路径
        SparkSession session = SparkSession.builder().master("
            local").appName("AL").getOrCreate();
        JavaSparkContext context = JavaSparkContext.
            fromSparkContext(session.sparkContext());
        //加载无类别数据
        JavaRDD<double[]> test = context.textFile(testSets).map(
            new Function<String, double[]>() {
            public double[] call(String s) throws Exception {
                String[] split = s.trim().split(" ");
                double[] attr = new double[split.length];
                for (int i = 0; i < split.length; i++) {
                    attr[i] = Double.parseDouble(split[i]);
                }
                return attr;
            }
        });
        //加载有类别数据
        JavaRDD<double[]> train = context.textFile(trainSets).map
            (new Function<String, double[]>() {
            public double[] call(String s) throws Exception {
```

```
                String[] split = s.trim().split(" ");
                double[] attr = new double[split.length];
                for (int i = 0; i < split.length; i++) {
                    attr[i] = Double.parseDouble(split[i]);
                }
                return attr;
            }
        });
        for (int i = 0; i < numIterator; i++) {//迭代次数
            //广播有类别数据
            final Broadcast<List<double[]>> broadcastTrain =
                context.broadcast(train.take((int) train.count())
                );
            //计算无类别数据的熵
            JavaRDD<double[]> selectedRDD = test.mapPartitions(
                new FlatMapFunction<Iterator<double[]>, double
                []>() {
                public Iterator<double[]> call(Iterator<double
                    []> iter) throws Exception {
                    HashMap<double[], Double> result = new
                        HashMap<double[], Double>();
                    List<double[]> value = broadcastTrain.value()
                    ;
                    ELM elm = new ELM(1, numberOfHidden, "sig");
                    double[][] data = new double[value.size()][];
                    for (int i = 0; i < value.size(); i++) {
                        data[i] = value.get(i);
                    }
                    elm.train(data, classNum);//参数
                    System.out.println(elm.getTrainingAccuracy()
                        + "----");
                    while (iter.hasNext()) {
                        double[] testIns = iter.next();
                        Double entry = elm.testHidenLabelOut(
                            testIns, classNum);//参数
                        result.put(testIns, entry);
                    }
```

```
                    ArrayList<Map.Entry<double[], Double>>
                        entries = new ArrayList<Map.Entry<double
                        [], Double>>(result.entrySet());
                    Collections.sort(entries, new Comparator<Map.
                        Entry<double[], Double>>() {
                        public int compare(Map.Entry<double[],
                            Double> o1, Map.Entry<double[],
                            Double> o2) {
                            return o2.getValue().compareTo(o1.
                                getValue());
                        }
                    });
                    ArrayList<double[]> selectedList = new
                        ArrayList<double[]>();
                    for (int i = 0; i < numSelect; i++) {
                        //参数5:  每个分区选择几个
                        selectedList.add(entries.get(i).getKey())
                            ;
                    }
                    return selectedList.iterator();
                }
            });
            //选择的样例加入有类别集合
            train = train.union(selectedRDD);
            test = test.subtract(selectedRDD);
            train.map(new Function<double[], String>() {
                public String call(double[] doubles) throws
                    Exception {
                    return Arrays.toString(doubles);
                }
            }).saveAsTextFile(outputPath + "/iteration_" + i);
        }
    }
}
```

在主动学习中, 分类器使用的是 ELM, Spark 平台上的 ELM Java 源程序文件如下.

## 源程序文件 SparkELM.java

```java
package al;
import no.uib.cipr.matrix.DenseMatrix;
import no.uib.cipr.matrix.DenseVector;
import no.uib.cipr.matrix.Matrices;
import java.io.Serializable;
import java.io.IOException;
public class ELM implements Serializable{
    private int numTrainData;
    private int numTestData;
    private float TrainingTime;
    private float TestingTime;
    private double TrainingAccuracy, TestingAccuracy;
    private int Elm_Type;
    private int NumberofHiddenNeurons;
    private int NumberofOutputNeurons;
    private int NumberofInputNeurons;
    private String func;
    private int []label;
    private DenseMatrix BiasofHiddenNeurons;
    private DenseMatrix OutputWeight;
    private DenseMatrix testP;
    private DenseMatrix testT;
    private DenseMatrix Y;
    private DenseMatrix T;
    private DenseMatrix InputWeight;
    private DenseMatrix train_set;
    private DenseMatrix test_set;
    private DenseMatrix OutMatrix;
    public ELM(int elm_type, int numberofHiddenNeurons, String
        ActivationFunction){
        Elm_Type = elm_type;
        NumberofHiddenNeurons = numberofHiddenNeurons;
        func = ActivationFunction;
        TrainingTime = 0;
        TestingTime = 0;
        TrainingAccuracy = 0;
```

```
        TestingAccuracy = 0;
        NumberofOutputNeurons = 1;
}
public ELM(){
}
public void train(double [][]traindata,int
    NumberofOutputNeurons) throws Exception{
    this.NumberofOutputNeurons=NumberofOutputNeurons;
    // classification require a the number of class

    train_set = new DenseMatrix(traindata);
    int m = train_set.numRows();
    if(Elm_Type == 1){
        double maxtag = traindata[0][0];
        for (int i = 0; i < m; i++) {
            if(traindata[i][0] > maxtag)
                maxtag = traindata[i][0];
        }
    }
    train();
}
private void train() throws Exception{
    numTrainData = train_set.numRows();
    NumberofInputNeurons = train_set.numColumns() - 1;
    InputWeight = (DenseMatrix) Matrices.random(
        NumberofHiddenNeurons, NumberofInputNeurons);
    DenseMatrix transT = new DenseMatrix(numTrainData, 1);
    DenseMatrix transP = new DenseMatrix(numTrainData,
        NumberofInputNeurons);
    for (int i = 0; i < numTrainData; i++) {
        transT.set(i, 0, train_set.get(i, 0));
        for (int j = 1; j <= NumberofInputNeurons; j++)
            transP.set(i, j-1, train_set.get(i, j));
    }
    T = new DenseMatrix(1,numTrainData);
    DenseMatrix P = new DenseMatrix(NumberofInputNeurons,
        numTrainData);
```

```
transT.transpose(T);
transP.transpose(P);
if(Elm_Type != 0)
{
    label = new int[NumberofOutputNeurons];
    for (int i = 0; i < NumberofOutputNeurons; i++) {
        label[i] = i;
    }
    DenseMatrix tempT = new DenseMatrix(
        NumberofOutputNeurons,numTrainData);
    tempT.zero();
    for (int i = 0; i < numTrainData; i++){
        int j = 0;
        for (j = 0; j < NumberofOutputNeurons; j++){
            if (label[j] == T.get(0, i))
                break;
        }
        tempT.set(j, i, 1);
    }
    T = new DenseMatrix(NumberofOutputNeurons,
        numTrainData);
    for (int i = 0; i < NumberofOutputNeurons; i++){
        for (int j = 0; j < numTrainData; j++)
            T.set(i, j, tempT.get(i, j)*2-1);
    }
    transT = new DenseMatrix(numTrainData,
        NumberofOutputNeurons);
    T.transpose(transT);
}
long start_time_train = System.currentTimeMillis();
BiasofHiddenNeurons = (DenseMatrix) Matrices.random(
    NumberofHiddenNeurons, 1);
DenseMatrix tempH=new DenseMatrix(NumberofHiddenNeurons,
    numTrainData);
InputWeight.mult(P, tempH);
```

```
DenseMatrix BiasMatrix = new DenseMatrix(
    NumberofHiddenNeurons, numTrainData);
for (int j = 0; j < numTrainData; j++) {
    for (int i = 0; i < NumberofHiddenNeurons; i++) {
        BiasMatrix.set(i, j, BiasofHiddenNeurons.get
        (i, 0));
    }
}
tempH.add(BiasMatrix);
DenseMatrix H = new DenseMatrix(NumberofHiddenNeurons,
    numTrainData);
if(func.startsWith("sig")){
    for (int j = 0; j < NumberofHiddenNeurons; j++) {
        for (int i = 0; i < numTrainData; i++) {
            double temp = tempH.get(j, i);
            temp = 1.0f/ (1 + Math.exp(-temp));
            H.set(j, i, temp);
        }
    }
}
else if(func.startsWith("sin")) {
    for (int j = 0; j < NumberofHiddenNeurons; j++) {
        for (int i = 0; i < numTrainData; i++) {
            double temp = tempH.get(j, i);
            temp = Math.sin(temp);
            H.set(j, i, temp);
        }
    }
}
DenseMatrix Ht = new DenseMatrix(numTrainData,
    NumberofHiddenNeurons);
H.transpose(Ht);
Inverse invers = new Inverse(Ht);
DenseMatrix pinvHt = invers.getMPInverse();
OutputWeight = new DenseMatrix(NumberofHiddenNeurons,
    NumberofOutputNeurons);
```

```
pinvHt.mult(transT, OutputWeight);
long end_time_train = System.currentTimeMillis();
TrainingTime = (end_time_train - start_time_train)*1.0f
    /1000;
DenseMatrix Yt = new DenseMatrix(numTrainData,
    NumberofOutputNeurons);
Ht.mult(OutputWeight,Yt);
Y = new DenseMatrix(NumberofOutputNeurons,numTrainData);
Yt.transpose(Y);
if(Elm_Type == 0){
    double MSE = 0;
    for (int i = 0; i < numTrainData; i++) {
        MSE += (Yt.get(i, 0) - transT.get(i, 0))*(Yt.get(
            i, 0) - transT.get(i, 0));
    }
    TrainingAccuracy = Math.sqrt(MSE/numTrainData);
}
else if(Elm_Type == 1){
    float MissClassificationRate_Training=0;
    for (int i = 0; i < numTrainData; i++) {
        double maxtag1 = Y.get(0, i);
        int tag1 = 0;
        double maxtag2 = T.get(0, i);
        int tag2 = 0;
        for (int j = 1; j < NumberofOutputNeurons; j++) {
            if(Y.get(j, i) > maxtag1){
                maxtag1 = Y.get(j, i);
                tag1 = j;
            }
            if(T.get(j, i) > maxtag2){
                maxtag2 = T.get(j, i);
                tag2 = j;
            }
        }
        if(tag1 != tag2)
            MissClassificationRate_Training ++;
    }
```

```
            TrainingAccuracy = 1-MissClassificationRate_Training
                *1.0f/numTrainData;
        }
    }
    public void test(DenseMatrix  d)throws IOException{

        test_set=d.copy();
        numTestData = test_set.numRows();
        DenseMatrix ttestT = new DenseMatrix(numTestData, 1);
        DenseMatrix ttestP = new DenseMatrix(numTestData,
            NumberofInputNeurons);
        for (int i = 0; i < numTestData; i++) {
            ttestT.set(i, 0, test_set.get(i, 0));
            for (int j = 1; j <= NumberofInputNeurons; j++)
                ttestP.set(i, j-1, test_set.get(i, j));
        }
        testT = new DenseMatrix(1,numTestData);
        testP=new DenseMatrix(NumberofInputNeurons,numTestData);
        ttestT.transpose(testT);
        ttestP.transpose(testP);
        long start_time_test = System.currentTimeMillis();
        DenseMatrix tempH_test = new DenseMatrix(
            NumberofHiddenNeurons, numTestData);
        InputWeight.mult(testP, tempH_test);
        DenseMatrix BiasMatrix2 = new DenseMatrix(
            NumberofHiddenNeurons, numTestData);
        for (int j = 0; j < numTestData; j++) {
            for (int i = 0; i < NumberofHiddenNeurons; i++) {
                BiasMatrix2.set(i, j, BiasofHiddenNeurons.get
                    (i, 0));
            }
        }
        tempH_test.add(BiasMatrix2);
        DenseMatrix H_test = new DenseMatrix(
            NumberofHiddenNeurons, numTestData);
        if(func.startsWith("sig")){
            for (int j = 0; j < NumberofHiddenNeurons; j++) {
```

```
                for (int i = 0; i < numTestData; i++) {
                    double temp = tempH_test.get(j, i);
                    temp = 1.0f/ (1 + Math.exp(-temp));
                    H_test.set(j, i, temp);
                }
            }
        }
        else if(func.startsWith("sin")){
            for (int j = 0; j < NumberofHiddenNeurons; j++) {
                for (int i = 0; i < numTestData; i++) {
                    double temp = tempH_test.get(j, i);
                    temp = Math.sin(temp);
                    H_test.set(j, i, temp);
                }
            }
        }
        else if(func.startsWith("hardlim")){
        }
        else if(func.startsWith("tribas")){
        }
        else if(func.startsWith("radbas")){
        }
        DenseMatrix transH_test = new DenseMatrix(numTestData,
            NumberofHiddenNeurons);
        H_test.transpose(transH_test);
        DenseMatrix Yout = new DenseMatrix(numTestData,
            NumberofOutputNeurons);
        transH_test.mult(OutputWeight,Yout);
        OutMatrix=new DenseMatrix(numTestData,
            NumberofOutputNeurons);
        OutMatrix=Yout.copy();
        DenseMatrix testY = new DenseMatrix(NumberofOutputNeurons
            ,numTestData);
        Yout.transpose(testY);
        long end_time_test = System.currentTimeMillis();
        TestingTime = (end_time_test - start_time_test)*1.0f
            /1000;
```

```
//writefile(Yout,"C:\\Users\\shen\\Desktop\\write1.txt");
if(Elm_Type == 0){
    double MSE = 0;
    for (int i = 0; i < numTestData; i++) {
        MSE += (Yout.get(i, 0) - testT.get(0,i))*(Yout.
            get(i, 0) - testT.get(0,i));
    }
    TestingAccuracy = Math.sqrt(MSE/numTestData);
}
else if(Elm_Type == 1){
    DenseMatrix temptestT = new DenseMatrix(
        NumberofOutputNeurons,numTestData);
    for (int i = 0; i < numTestData; i++){
        int j = 0;
        for (j = 0; j < NumberofOutputNeurons; j++){
            if (label[j] == testT.get(0, i))
                break;
        }
        temptestT.set(j, i, 1);
    }
    testT = new DenseMatrix(NumberofOutputNeurons,
        numTestData);
    for (int i = 0; i < NumberofOutputNeurons; i++){
        for (int j = 0; j < numTestData; j++)
            testT.set(i, j, temptestT.get(i, j)*2-1);
    }
    float MissClassificationRate_Testing=0;

    for (int i = 0; i < numTestData; i++) {
        double maxtag1 = testY.get(0, i);
        int tag1 = 0;
        double maxtag2 = testT.get(0, i);
        int tag2 = 0;
        for (int j = 1; j < NumberofOutputNeurons; j++) {
            if(testY.get(j, i) > maxtag1){
                maxtag1 = testY.get(j, i);
```

```
                    tag1 = j;
                }
                if(testT.get(j, i) > maxtag2){
                    maxtag2 = testT.get(j, i);
                    tag2 = j;
                }
            }
            if(tag1 != tag2)
                MissClassificationRate_Testing ++;
        }
        TestingAccuracy = 1-MissClassificationRate_Testing
            *1.0f/numTestData;
    }
}
public Double testHidenLabelOut(double[] inpt,int
    NumberofOutputNeurons){
    this.NumberofOutputNeurons=NumberofOutputNeurons;
    test_set = new DenseMatrix(new DenseVector(inpt));
    return testHidenLabelOut();
}
private double testHidenLabelOut(){
    numTestData = test_set.numColumns();
    NumberofInputNeurons = test_set.numRows()-1;
    DenseMatrix ttestP = new DenseMatrix(numTestData,
        NumberofInputNeurons);
    for(int j=1;j<=NumberofInputNeurons;j++){
        ttestP.set(0,j-1, test_set.get(j,0));
    }
    testP=new DenseMatrix(NumberofInputNeurons,numTestData);
    ttestP.transpose(testP);
    DenseMatrix tempH_test = new DenseMatrix(
        NumberofHiddenNeurons, numTestData);
    InputWeight.mult(testP, tempH_test);
    DenseMatrix BiasMatrix2 = new DenseMatrix(
        NumberofHiddenNeurons, numTestData);
    for (int j = 0; j < numTestData; j++) {
        for (int i = 0; i < NumberofHiddenNeurons; i++) {
```

```
                BiasMatrix2.set(i, j, BiasofHiddenNeurons.get
                (i, 0));
            }
        }
    tempH_test.add(BiasMatrix2);
    DenseMatrix H_test = new DenseMatrix(
        NumberofHiddenNeurons, numTestData);
    if(func.startsWith("sig")){
        for (int j = 0; j < NumberofHiddenNeurons; j++) {
            for (int i = 0; i < numTestData; i++) {
                double temp = tempH_test.get(j, i);
                temp = 1.0f/ (1 + Math.exp(-temp));
                H_test.set(j, i, temp);
            }
        }
    }
    DenseMatrix transH_test = new DenseMatrix(numTestData,
        NumberofHiddenNeurons);
    H_test.transpose(transH_test);
    DenseMatrix Yout = new DenseMatrix(numTestData,
        NumberofOutputNeurons);
    transH_test.mult(OutputWeight,Yout);
    double[] RYout=new double[NumberofOutputNeurons+1];
    RYout[NumberofOutputNeurons]=0;
    for(int i=0;i<NumberofOutputNeurons;i++){
        RYout[i]=Math.exp(Yout.get(0,i));
        RYout[NumberofOutputNeurons]+=RYout[i];
    }
    for(int i=0;i<NumberofOutputNeurons;i++){
        RYout[i]=RYout[i]/RYout[NumberofOutputNeurons];
    }
    double SoftMaxYout=0.0;
    for(int i=0;i<NumberofOutputNeurons;i++){
        SoftMaxYout+=RYout[i]*Math.log(RYout[i]);
    }
    return -SoftMaxYout;
}
```

```
public DenseMatrix getInputWeight() {
    return InputWeight;
}
public DenseMatrix getBiasofHiddenNeurons() {
    return BiasofHiddenNeurons;
}
public DenseMatrix getOutputWeight() {
    return OutputWeight;
}
public double getTrainingAccuracy() {
    return TrainingAccuracy;
}
public float getTrainingTime() {
    return TrainingTime;
}
public int getNumberofOutputNeurons() {
    return NumberofOutputNeurons;
}
}
```

在 Spark 平台上, 计算广义逆矩阵的 Java 源程序文件如下.

源程序文件 SparkELM.java

```
package al;
import no.uib.cipr.matrix.DenseMatrix;
import no.uib.cipr.matrix.Matrices;
import no.uib.cipr.matrix.SVD;
public class Inverse {
    private DenseMatrix A1;
    private int m;
    private int n;
    public Inverse(DenseMatrix AD){
        m = AD.numRows();
        n = AD.numColumns();
        A1 = AD.copy();
    }
    public DenseMatrix getInverse(){
```

```java
        DenseMatrix I = Matrices.identity(n);
        DenseMatrix Ainv = I.copy();
        A1.solve(I, Ainv);
        return Ainv;
}
public DenseMatrix getMPInverse() throws Exception{
        SVD svd= new SVD(m,n);
        svd.factor(A1);
        DenseMatrix U = svd.getU();
        DenseMatrix Vt = svd.getVt();
        double []s = svd.getS();
        int sn = s.length;
        for (int i = 0; i < sn; i++) {
            s[i] = Math.sqrt(s[i]);
        }
        DenseMatrix S1 = (DenseMatrix) Matrices.random(m, sn);
        S1.zero();
        DenseMatrix S2 = (DenseMatrix) Matrices.random(sn, n);
        S2.zero();
        for (int i = 0; i < s.length; i++) {
            S1.set(i, i, s[i]);
            S2.set(i, i, s[i]);
        }
        DenseMatrix C = new DenseMatrix(m,sn);
        U.mult(S1, C);
        DenseMatrix D = new DenseMatrix(sn,n);
        S2.mult(Vt,D);
        DenseMatrix DD = new DenseMatrix(sn,sn);
        DenseMatrix DT = new DenseMatrix(n,sn);
        D.transpose(DT);
        D.mult(DT, DD);
        Inverse inv = new Inverse(DD);
        DenseMatrix invDD = inv.getInverse();
        DenseMatrix DDD = new DenseMatrix(n,sn);
        DT.mult(invDD, DDD);
        DenseMatrix CC = new DenseMatrix(sn,sn);
        DenseMatrix CT = new DenseMatrix(sn,m);
```

```
        C.transpose(CT);
        CT.mult(C, CC);
        Inverse inv2 = new Inverse(CC);
        DenseMatrix invCC = inv2.getInverse();
        DenseMatrix CCC = new DenseMatrix(sn,m);
        invCC.mult(CT, CCC);
        DenseMatrix Ainv = new DenseMatrix(n,m);
        DDD.mult(CCC, Ainv);
        return Ainv;
    }
    public DenseMatrix getMPInverse(double lumda) throws
        Exception{
        DenseMatrix At = new DenseMatrix(n, m);
        A1.transpose(At);
        DenseMatrix AtA = new DenseMatrix(n ,n);
        At.mult(A1,AtA);
        DenseMatrix I = Matrices.identity(n);
        AtA.add(lumda, I);
        DenseMatrix AtAinv = I.copy();
        AtA.solve(I, AtAinv);
        DenseMatrix Ainv = new DenseMatrix(n,m);
        AtAinv.mult(At, Ainv);
        return Ainv;
    }
    public DenseMatrix checkCD() throws Exception{
        SVD svd= new SVD(m,n);
        svd.factor(A1);
        DenseMatrix U = svd.getU();
        DenseMatrix Vt = svd.getVt();
        double []s = svd.getS();
        int sn = s.length;
        for (int i = 0; i < s.length; i++) {
            s[i] = Math.sqrt(s[i]);
        }
        DenseMatrix S1 = (DenseMatrix) Matrices.random(m, sn);
        S1.zero();
        DenseMatrix S2 = (DenseMatrix) Matrices.random(sn, n);
```

```
    S2.zero();
    for (int i = 0; i < s.length; i++) {
        S1.set(i, i, s[i]);
        S2.set(i, i, s[i]);
    }
    DenseMatrix C = new DenseMatrix(m,sn);
    U.mult(S1, C);
    DenseMatrix D = new DenseMatrix(sn,n);
    S2.mult(Vt,D);
    DenseMatrix CD = new DenseMatrix(m,n);
    C.mult(D, CD);
    return CD;
    }
}
```

下面通过一个包含 6 个样例的例子, 从原理上对基于 Spark 和 MapReduce 的大数据主动学习算法进行对比分析. 在这个例子中, 基于 MapReduce 和 Spark 的大数据主动学习示意图如图 6.3 和图 6.4 所示. MapReduce 作业的执行过程主要分为 Map 阶段、中间结果排序与传递阶段和 Reduce 阶段. MapReduce 作业执行过程受读取输入文件时间 Tread、中间数据排序时间 Tsort、中间数据传递时间 Ttrans 和写输出文件到 HDFS 时间 Twrite 影响. 因为两种算法的输入/输出数据是相同的, 且主要比较的是 MapReduce 与 Spark 运行机制, 以及调度策略不同所导致的运行时间的差异, 所以不考虑网络传输速度以及文件读写速度的因素. 在分析过程中, 默认 Tread 和 Twrite 在两种平台的值相同, 主要关注 Tsort 和 Ttrans 的比较.

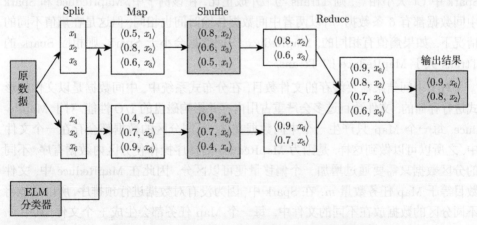

图 6.3 基于 MapReduce 的大数据主动学习示意图

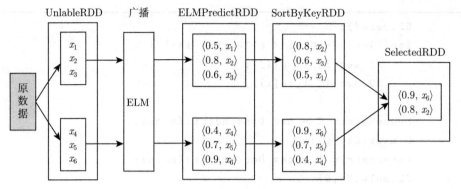

图 6.4 基于 Spark 的大数据主动学习示意图

关于两种算法的中间数据排序时间 Tsort 与中间数据传输时间 Ttrans. MapReduce 规定每次 Shuffle 必须对中间结果进行排序, 主要是为了将中间结果进行初步的归并操作, 使需要传输的数据减少, 降低网络传输压力, 而且可以保证每个 Map 任务只输出一个有序的中间数据文件, 减少文件数目. 在 MapReduce 中, Map 阶段对每一分区的数据进行排序 (图 6.3), Reduce 阶段对不同 Map 任务的输出结果进行归并. 假设共有 $m$ 个 Map 任务, 平均每个 Map 任务有 $N$ 条数据, 平均每个 Reduce 任务有 $R$ 条数据, 可以得到 Tsort-MR$=N\log_2 N + R = O(N\log N)$. 在 Spark 中, 主要是对每一分区的数据进行排序 (图 6.4), 如果把一个分区看做 MapReduce 中的一个 Map, 并且假设条件相同, 可以得到 Tsort-Spark$=O(N\log N)$.

中间数据的传输是指由 Map 任务的执行节点发送到 Reduce 任务的执行节点的数据, 所以 Ttrans 由 Map 任务输出的中间数据的大小 $|D|$ 和网络文件传输速度 Ct 决定. 在不考虑网络传输速度带来的性能差异情况下, 默认在 MapReduce 和 Spark 中 Ct 大小相等, 则 Ttrans 与 $|D|$ 成正比. 在该例子中, MapReduce 和 Spark 中间数据都有 6 条数据, 所以两者中间数据传输时间也相同, 但这是在熵值不同的情况下. 如果熵值有相同的, MapReduce 中间数据会小于 Spark, 则相应 Spark 的 Ttrans 大于 MapReduce 的 Ttrans.

对于中间结果需要缓存的文件数目, 在分布式系统中, 中间数据是以文件的形式进行存储的. 文件数目过多会严重占用内存并影响磁盘的 I/O 性能. 对于 MapReduce, 每一个 Map 只产生一个中间数据文件, 不同分区的数据都会存在一个文件中, 之所以可以做到这样, 是因为 MapReduce 的排序操作使分区内数据有序, 不同的分区数据只需要通过增加一个偏移量便可以区分. 因此在 MapReduce 中, 文件数目等于 Map 任务数量 $m$. 在 Spark 中, 因为没有对数据进行预排序, 所以只能将不同分区的数据放在不同的文件中. 每一个 Map 任务都会生成 $r$ 个文件, 其中 $m$ 为 Reduce 任务数量, 因此 Spark 总文件数目等于 $m \times r$. 在本例中, MapReduce 和

Spark 的文件数目都为 3. 如果增加 Reduce 任务数量, Spark 的中间文件数目会远大于 MapReduce.

关于同步次数, 同步模型要求所有节点完成当前阶段后才可以进行下一阶段, 这严重限制了计算性能. 在 MapReduce 中, 所有的步骤都严格遵守同步模型, 即 Reduce 操作要在所有的 Map 操作结束后进行. 在算法执行过程中, 同步次数越小、所占比例越小, 越有利于算法的局部性能. 在每次迭代过程中, MapReduce 与 Spark 的同步次数皆为 1. 综合以上分析可知, Spark 在运行时间上优于 MapReduce, 主要是因为 Spark 在内存足够的情况下, 允许将常用运算需要的数据缓存到内存中, 加快系统的运行速度. 由图 6.3 和图 6.4 可知, MapReduce 每次迭代将中间结果写入磁盘, 如阴影部分所示, 而 Spark 在第一次迭代读取数据后, 不再将中间结果写入磁盘, 存储在内存中, 内存使用一直增加直至迭代任务结束. 这也是 Spark 使用内存远远大于 MapReduce 的原因.

# 参 考 文 献

[1] Langley P. Elements of Machine Learning. San Francisco: Morgan Kaufmann, 1996.

[2] Mitchell T M. 机器学习 (英文影印版). 北京: 机械工业出版社, 2003.

[3] Alpaydin E. Introduction to Machine Learning. Cambridge: MIT, 2004.

[4] Witten I H, Frank E, Hall M A. Data Mining: Practical Machine Learning Tools and Techniques. 3rd ed. San Francisco: Morgan Kaufmann, 2014.

[5] Wu X D, Kumar V, Quinlan J R, et al. Top 10 algorithms in data mining. Knowledge and Information Systems, 2008, 14(1): 1-37.

[6] Jain A K. Data clustering: 50 years beyond K-means. Pattern Recognition Letters, 2010, 31(8): 651-666.

[7] 张良均, 陈俊德, 刘名军, 等. 数据挖掘实用案例分析. 北京: 机械工业出版社, 2013.

[8] Cha S H. Comprehensive survey on distance/similarity measures between probability density functions. International Journal of Mathematical Models and Methods in Applied Sciences, 2007, 4(1): 300-307.

[9] Cover T, Hart P. Nearest neighbor pattern classification. IEEE Transactions on Information Theory, 1967, 13(1): 21-27.

[10] Zhai J H, Li N, Zhai M Y. The condensed fuzzy K-nearest neighbor rule based on sample fuzzy entropy // Proceedings of the 2011 International Conference on Machine Learning and Cybernetics, 2011: 282-286.

[11] Keller J M, Gray M R, Givens J A. A fuzzy K-nearest neighbor algorithm. IEEE Transactions on SMC, 1985, 15(4): 580-585.

[12] Dunn J C. A fuzzy relative of the ISODATA process and its use in detecting compact well-separated clusters. Journal of Cybernetics, 1973, 3: 32-57.

[13] Bezdek J C. Pattern recognition with fuzzy objective function algorithms. New York: Plenum, 1981.

[14] Quinlan J R. Induction of decision trees. Machine Learning, 1986, 1: 81-106.

[15] Fayyad U M, Irani K B. On the handling of continuous-valued attributes in decision tree generation. Machine Learning, 1992, 8: 87-102.

[16] Kumar S. 神经网络 (英文影印版). 北京: 清华大学出版社, 2006.

[17] Haykin S. 神经网络与机器学习 (英文影印版). 3 版. 北京: 机械工业出版社, 2009.

[18] Huang G B, Zhu Q Y, Siew C K. Extreme learning machine: a new learning scheme of feedforward neural networks // IEEE International Joint Conference on Neural Networks, 2004: 985-990.

[19] Huang G B, Zhu Q Y, Siew C K. Extreme learning machine: theory and applications.

Neurocomputing, 2006, 70(1-3):489-501.

[20] Duan M X, Li K L, Liao X K, et al. A parallel multiclassification algorithm for big data using an extreme learning machine. IEEE Transactions on Neural Networks and Learning Systems, 2018, 29(6): 2337-2351.

[21] Vapnik V. The Nature of Statistical Learning Theory. New York: Springer, 1995.

[22] Cortes C, Vapnik V. Support-vector networks. Machine Learning, 1995, 20(3): 273-297.

[23] 邓乃扬, 田英杰. 数据挖掘中的新方法——支持向量机. 北京: 科学出版社, 2004.

[24] 王宜举, 修乃华. 非线性最优化理论与方法. 北京: 科学出版社, 2012.

[25] 陈宝林. 最优化理论与算法. 2 版. 北京: 清华大学出版社, 2005.

[26] 黄平. 最优化理论与方法. 北京: 清华大学出版社, 2009.

[27] Schölkopf B, Smola A. Learning with Kernels. Cambridge: MIT, 2002.

[28] 张学工. 模式识别. 3 版. 北京: 清华大学出版社, 2010.

[29] Settles S. Active learning literature survey. Computer Sciences Technical Report 1648, 2010.

[30] Wang X Z, Zhai J H. Learning with Uncertainty. New York: CRC, 2016.

[31] 张素芳, 翟俊海, 王聪, 等. 大数据与大数据机器学习研究. 河北大学学报 (自然科学版), 2018, 38(3): 299-308.

[32] Manyika J, Chui M, Brown B, et al. Big data: the next frontier for innovation, competition, and productivity. https://www.mckinsey.com/business-functions/digital-mckinsey/our-insights/ big-data-the-next-frontier-for-innovation [2019-05-15].

[33] Emani C K, CulloT N, Nicolle C. Understandable big data: a survey. Computer Science Review, 2015, 17: 70-81.

[34] 孟小峰, 慈祥. 大数据管理: 概念、技术与挑战. 计算机研究与发展, 2013, 50(1): 146-169.

[35] Storey V C, Song I Y. Big data technologies and management: what conceptual modeling can do. Data & Knowledge Engineering, 2017, 108: 50-67.

[36] 张春晓. Ubuntu Linux 系统管理实战. 北京: 清华大学出版社, 2018.

[37] 林子雨. 大数据–基础编程、实验和案例教程. 北京: 清华大学出版社, 2017.

[38] 林大贵. Hadoop+Spark 大数据巨量分析与机器学习整合开发实战. 北京: 清华大学出版社, 2017.

[39] White T. Hadoop 权威指南. 3 版. 华东师范大学数据科学与工程学院译. 北京: 清华大学出版社, 2010.

[40] 董西成. Hadoop 技术内幕–深入解析 MapReduce 架构设计与实现原理. 北京: 机械工业出版社, 2013.

[41] 陆嘉恒. Hadoop 实战. 2 版. 北京: 机械工业出版社, 2014.

[42] 刘军. Hadoop 大数据处理. 北京: 人民邮电出版社, 2013.

[43] 林子雨. 大数据技术、原理与应用. 2 版. 北京: 人民邮电出版社, 2017.

[44] 中科普开. 大数据技术基础. 北京: 人民邮电出版社, 2016.

[45] Ghemawat S, Gobioff H, Leung S T. The google file system // Proceedings of the Nineteenth ACM Symposium on Operating Systems Principles, 2003: 29-43.

[46] Dean J, Ghemawat S. MapReduce: simplified data processing on large clusters. Communications of the ACM, 2008, 51(1): 107-113.

[47] 周维. Hadoop 2.0-YARN 核心技术实践. 北京: 清华大学出版社, 2015.

[48] Alapati S R. Hadoop 专家: 管理、调优与 Spark|YARN|HDFS 安全. 赵国贤, 邓钫元, 张京一, 等译. 北京: 电子工业出版社, 2019.

[49] 王家林, 段智华, 夏阳. 大数据商业实战三部曲——内核解密 | 商业案例 | 性能调优. 北京: 清华大学出版社, 2018.

[50] 刘军, 林文辉, 方澄. Spark 大数据处理——原理、算法与实例. 北京: 清华大学出版社, 2016.

[51] 高彦杰. Spark 大数据处理——技术、应用与性能调优. 北京: 机械工业出版社, 2015.

[52] 黄宜华, 苗凯翔. 深入理解大数据——大数据处理与编程实践. 北京: 机械工业出版社, 2014.

[53] He Q, Shang T F, Zhuang F Z, et al. Parallel extreme learning machine for regression based on MapReduce. Neurocomputing, 2013, 102: 52-58.

[54] Xin J C, Wang Z Q, Chen C, et al. ELM*: distributed extreme learning machine with MapReduce. World Wide Web, 2014, 17(5): 1189-1204.

[55] Xin J C, Wang Z Q, Qu L X, et al. Elastic extreme learning machine for big data classification. Neurocomputing, 2015, 149: 464-471.

[56] 翟俊海, 张素芳, 王聪, 等. 基于 MapReduce 的大数据主动学习. 计算机应用, 2018, 38(10): 2759-2763.

[57] 翟俊海, 齐家兴, 沈矗, 等. 基于 MapReduce 和 Spark 的大数据主动学习比较研究. 计算机工程与科学, 2019, 41(10): 1-8.

[58] Arthur D, Vassilvitskii S. K-means++: the advantages of careful seeding // Proceedings of the Eighteenth Annual ACM-SIAM Symposium on Discrete Algorithms, 2007: 1027-1035.

[59] Bahmani B, Moseley B, Vattani A, et al. Scalable K-means++ // Proceedings of the VLDB Endowment, 2012: 622-633.